個性針織
DIY

NEEDLECRAFT

GIFTS & PROJECTS

個性針織
DIY

Gillian Souter

OFF THE SHELF PUBLISHING

個性針織DIY

NEEDLECRAFT　　GIFTS & PROJECTS

定價：450元

出版 者：新形象出版事業有限公司
負責 人：陳偉賢
地　　址：台北縣中和市中和路322號8F之1
門　　市：北星圖書事業股份有限公司

電　　話：29207133・29278446
ＦＡＸ：29290713

原　　著：Gillian Souter
編譯 者：新形象出版公司編輯部
發行 人：顏義勇
總策 劃：范一豪
文字編輯：賴國平・陳旭虎

總代 理：北星圖書事業股份有限公司
地　　址：台北縣永和市中正路462號B1
電　　話：29229000（代表）　ＦＡＸ：29229041
郵　　撥：0544500-7北星圖書帳戶
印刷 所：皇甫彩藝印刷股份有限公司

行政院新聞局出版事業登記證／局版台業字第3928號
經濟部公司執／76建三辛字第21473號

國家圖書館出版品預行編目資料

個性針織DIY／Gillian Souter原著；新形象
　出版公司編輯部編譯 ．--第一版 ．--臺北縣
　中和市：新形象，1999〔民88〕
　　面；　　公分
　含索引
　譯自：Needlecraft gifts & projects
　ISBN 957-9679-64-9（平裝）

　1.家庭工藝

426　　　　　　　　　　　　　　88013191

前言

和許多人一樣，我有個手藝傑出的祖母，她精於各式的針線活兒—針尖繡、打毛線、鉤毛線、刺繡—樣樣技術高超。我小時候無知的忽略這些手藝應有的價值，然而近幾年它們獲取了我的關注，啟發了我的創作力。現代人沒什麼時間製作美好精細的手工針織藝品，也沒什麼時間好好享受靜靜坐著聚精會神繡件東西的無窮樂趣。這本書或許會鼓舞您花些時間試試這些傳統的針線活兒，並且讓您體會它們製造生活樂趣的無窮潛力。

 個人禮品

家飾品

 特殊紀念品

標有心形記號的項目是代表理想的禮物，因此本書也包括一些製作包裝及卡片的方法。知道我自己是如何寶貝祖母製作的手藝品，我可以保証，您用心在針線上下的工夫也會被好好珍惜。

目錄

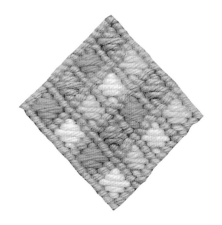

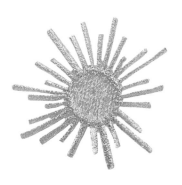

毛線

貫穿本書的中心角色，與其說是如書名所顯示的，一根針，不如說是普通的絲線：只是絲線。

絲線是盤絞的纖維—棉花、羊毛、尼龍等等—可以使用於縫紉或編織。有些絲線較細長，有的則較粗重，它們的式樣種類各有不同。

幾世紀以前就形成了規定針織繡只能用羊毛、十字繡則用棉線等等的通則。但是這樣的規則是可以打破的。有各式的絲線可以運用，新絲線亦相繼出現，實在應該嘗試創新。

選用絲線時應注意下列幾件事項：作品的用途、需要使用哪些工具、以及採取何種編織方法。（當然您可能因為發現一種特別的絲線而決定特意用它作件東西，然而這種情形較少發生。）您應當考慮到做好後的成品是否需要經常清洗？或者需要裱褙加框？這些絲線禁不禁洗？會不會一洗就變形？能不能貼蓋在裱褙的畫布上？您希望作品樸素或鮮艷？優雅細緻或光彩華麗？

有幾家公司生產絲線並且行銷遍佈世界。本書中有些設計需要特別顏色的絲線，提供的樣品是DMC公司的產品，並使用該公司的產品編號。但是您也可以選用其他公司生產的各色絲線。

絲線可到針線藝品行及各大百貨公司購買，有些公司產品還提供郵購，您可以在各針織雜誌上找到郵購地址。

許多設計都必須使用一般的裁縫線，拼布和車繡則需要特別的裁縫線。

棉線是最受歡迎且變化多、用途廣的絲線之一。它可個別使用或與其他絲線合用。

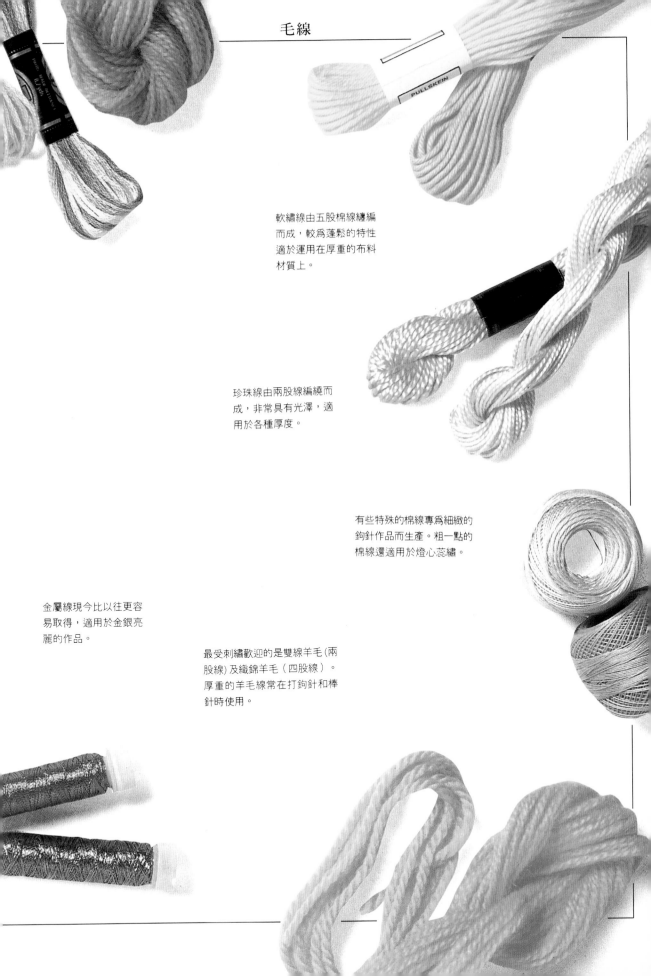

軟繡線由五股棉線纏編
而成，較爲蓬鬆的特性
適於運用在厚重的布料
材質上。

珍珠線由兩股線編繞而
成，非常具有光澤，適
用於各種厚度。

有些特殊的棉線專爲細緻的
鉤針作品而生產。粗一點的
棉線還適用於燈心蕊繡。

金屬線現今比以往更容
易取得，適用於金銀亮
麗的作品。

最受刺繡歡迎的是雙線羊毛(兩
股線)及織錦羊毛（四股線）。
厚重的羊毛線常在打鉤針和棒
針時使用。

工具

做針線活兒的首要工具是穩定的雙手。好好愛惜雙手：在從事針線活兒繁雜而反覆的動作時，記得定時讓雙手休息放鬆。針線盒就沒那麼重要了，雖然我們鼓勵大家多準備些如製作鑲綴、拼布、十字繡等的用品。

針的選用是絕對必要的。有兩類主要的針。一類是如雙線針有長長的針孔、適用於中小型精細作品的尖針。另一類是針尖圓鈍、不易戳穿布面的短粗針（鈍針）。後者通常被稱爲織錦針，然而鈍針也可以使用在十字繡上，或打棒針時的打結收尾，以及其他各樣的針線活兒。

各個設計項目所需要的工具器材都列舉在主圖上方的框格中。當工具單上列有"裁縫工具"時，表示需要備有一支合適的針、大頭針、裁縫線、一把剪刀和一條布尺。

選擇一個適宜的工具畫出設計底稿。詳見12頁。

一把裁布剪刀和一把刺繡剪刀是絕對必備的。偶爾用得到彎剪。

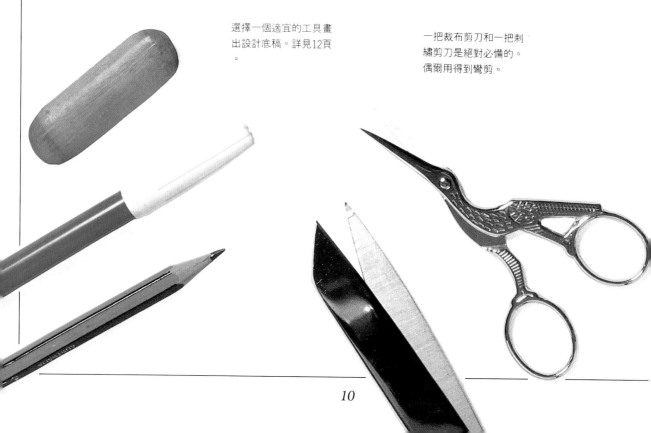

一支拆線鑽和一個針頂
在一些設計中非常受用
。

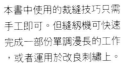

本書中使用的裁縫技巧只需
手工即可。但縫紉機可快速
完成一部份單調漫長的工作
，或者運用於改良刺繡上。

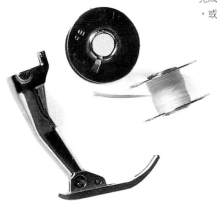

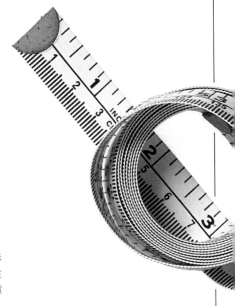

針眼的大小、針尖的形
狀，以及針的長度，在
選針時都必須予以考慮
。

大多時候，用不用繡箍是依個
人習慣。然而在某些項目中，
建議您使用繡箍。

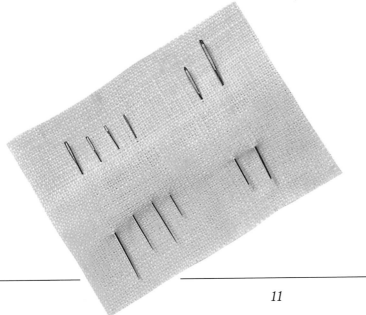

基本技巧

針線活兒的起頭和收尾通常是最困難的部份，因此下面要介紹一些小密訣。在製作過程中可能需要具備一些非常基本的裁縫技巧，如假縫、縫邊、以及接合。如果不熟習這些技巧，可向朋友求教，或者參考有關基本裁縫的書籍。

開始製作本書中設計的藝品之前，最好先閱讀該章開頭的說明。刺繡的各式針法請參照123頁的說明。

底布打稿

在布料上畫草圖的方法有很多種。選擇哪種方法視您有哪些工具可以使用、布料的紋理質地及顏色、還有製作成品的方法而定。本書中每一項設計除了計算針數以外，皆有設計圖解，每一種製作方法皆附圖說明。

如果布料是薄的，可以將布料和設計圖重疊貼在窗上或向著有光源的地方，再用粉餅或軟蕊鉛筆畫個擦不掉的記號。粉餅在深色布料上較明顯。鉛筆較不易被擦掉，但最好畫在會被絲線遮掩的地方。

另一種方法是將草圖反面蓋在布料上，再用鉛筆於布上畫出反向的圖形。若是於底布及草圖間夾入複寫紙，畫出的圖形則不會相反。

畫在薄紙上的設計圖可以假縫在深色或如同絨布般較粗厚的布料上。紙張可以在作品完成後撕掉。

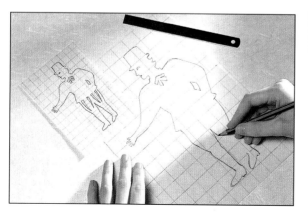

本書所提供的設計圖樣本尺寸與實物大小一致，但有些需要放大。如果無法使用影印機放大，可如附圖般在樣本及底布上畫出一致的格子，再逐步以格描法畫出放大的圖形。

如需要放大200%，底布的格子需大於稿紙上的兩倍，然後再格描。

完工

作品完成後可能需要小洗一番。如果是採用可清洗的布料，以及不褪色的棉線，成品可以用溫水和中性皂不加搓揉的輕輕手洗。作品洗好晾乾前先平放在一條乾淨的毛巾上捲吸乾水分。避免陽光直曬，將作品墊著毛巾、背面朝上輕輕熨燙。絲綢或緞帶則應該乾洗。

棒針、鉤針、以及針繡作品都需要定型：請參閱下圖。

假如成品不常被使用，以毛巾或無酸的薄紙包藏保存。

▶ 如果成品起皺變形，則應該將它恢復平整。將成品方正的固定在硬紙板(卡紙)或塑膠片上，噴些水在成品上，再讓它自然風乾。

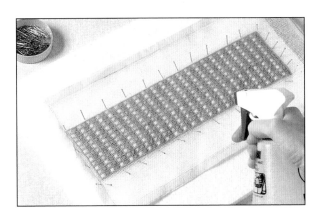

固定棒針或鉤針藝品，先按照毛線上的使用說明輕柔手洗成品，徹底清洗後，用毛巾吸去多餘的水分，將成品正面朝上，覆蓋上毛巾，用手擠壓調整出想要的形狀，用防鏽大頭針固定邊緣。作品未乾前請勿移動。

▶ 給成品加框的方法：將硬紙板剪成與框框同樣大小的尺寸，將成品包覆硬紙板並以膠帶暫時固定，以韌線和針上下左右穿織縫接背面的底布邊緣(圓框則繞圓周縫接)，再放入框內。

飾帶及繩結

繩結與飾帶雖然算不上是種編織藝品，但卻在許多編織品中扮演重要角色，特別是在收尾部份。繩結是由幾股絲線編織纏繞而成的裝飾性繩線，偶爾鑲有其他較便宜質材的內核。飾帶，和繩結不同的，是由幾個繩結或幾條長線編組而成。飾帶是扁平的，所以可以看見各式紋路。

在發明拉鍊以前，繩結被用來連結衣物、家飾，它們也常被編爲環釦或胸飾點綴在中歐軍服及中國服裝上。

您可以購買多樣的繩結及飾帶，但記得要配合製品的質材，並使成品更具特色。選購或自製一個適用的結飾，製造緊密的螺旋狀結飾所需的繩線、迴線及彩結要柔軟。飾帶、繫帶、收口帶等則都需要整平滑，順以方便使用。

多數繩帶的厚度不適合往復穿繡於布面上，然而卻可以排放在布面上再以較好的細線小針縫合固定。請參閱接近書末的第50號設計。

飾帶的末端需要固定以免綻開。綁條顏色搭調的繩線在飾帶上並以針線縫幾下固定，然後將多餘的部份修剪掉。

飾帶鬆散的末端需要特別注意。可以打個緊緊的結；或者也可以用透明膠水凝聚末端，再加上大小合適的頂蓋緊緊包住。

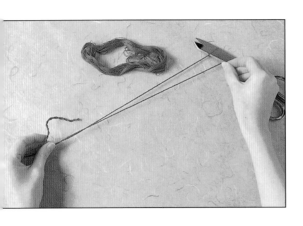

▶ 製做單色飾帶：剪下幾條比飾帶長約四倍的線段，一端固定，另一端用手搓旋。牢牢拿住一端，對折。一次做一段。

▶ 製做雙色飾帶：每一色剪下幾條比飾帶長約2倍的線段，將線段合併，一端先打個死結，再以物品壓綁牽制固定；另一端用手搓旋，將繩索對折。雙色合併重複搓旋，使之相互纏繞。一次做一部份。

由雙繩併成的飾帶可以用棉線以8字形來回纏繞接合。運用漸層絲線可更增添趣味。

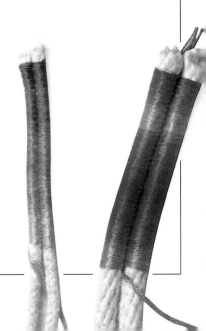

海軍結

這種看起來似乎循環不已的繩結具有吸引人的裝飾效果。小的（藍色有細帶）可以做為衣物上的精細裝飾。金色大的是將線繩以同樣方法重複編織兩次的雙結。

特別企劃一

友誼腕帶

所需材料

繡線棉質
剪刀
布尺

孩子們喜愛由各色鮮艷棉線所編成的友誼腕帶。他們
樂於編製腕帶並且分送給朋友。

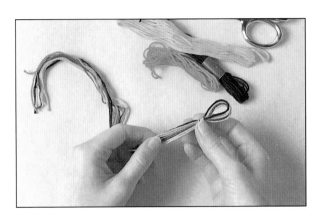

1 剪五段不同顏色的棉質軟繡線，每條長75公分(30寸)。將整束線對折，於頂端折處打做出如圖的環結。

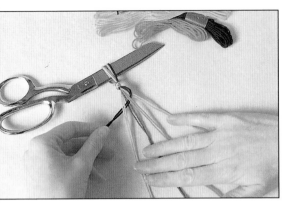

2 將環結固定並依同色分成五對，將最右邊的一對由近及遠依序上下編繞過其他組到左邊。

3 重複步驟2，每一次皆由右邊的線繩開始編向左邊。反覆編繞步驟2直到理想長度為止。

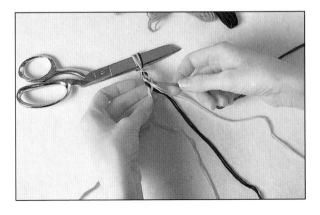

4 尾端以雙結固定，剪開另一端的環節，兩端皆留下小段繐邊好能綁在手腕上。大圖中色彩鮮艷的腕帶是由三種顏色合編而成，比用兩種顏色編製更具風味特色。

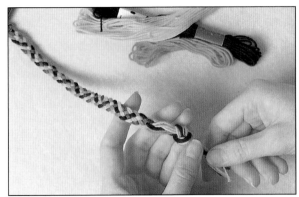

特別企劃二

燈罩

所需材料
金線
黑線
燈罩
膠帶

以希臘結飾來妝點一個樸素、便宜的燈罩，可以為家裡增添獨具特色的風味。

1 剪下兩條比燈罩圓周稍長的底線(黑線)，以及三條比燈罩圓周長三倍的纏線(金色)，將五條線依如圖所示的順序排列，再用膠帶黏著固定頂端。

2 以物品壓住膠帶黏封固定的這一端，將最左邊的纏線由上跨過旁邊的兩條線，將最左邊的基線由上方橫越旁邊的纏線並拉直。接著用右邊的繩線重複這兩種編法。

3 一左一右輪流使用上述的編法，偶爾拉拉基線好讓纏線變直。當纏線到達適宜的長度時，檢查確定每一編都工整平均。修檢末端並用更多的膠帶固定。

4 將飾帶以大針、粗線縫到燈罩上。用金線編一個海軍結(參閱15頁)，把結縫在燈罩上飾帶接合處。

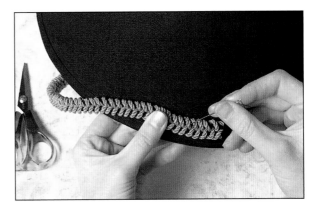

特別企劃三

餐巾環

所需材料

棉線
布尺
剪刀
硬紙板
裁縫工具

這些以大紅、大綠以及金線所編成的螺旋紋餐巾環，
將會在耶誕節時增添您餐桌上的節慶氣氛。

1 紅線及綠線各剪下五條長約1公尺(39寸)的線段,將兩色線段如範圖所示各自對折再相互交接。在兩端各打死結

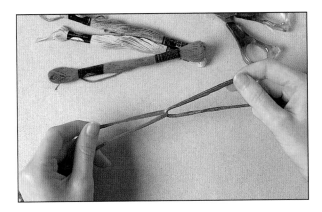

2 固定一端,搓纏另一端。牢牢持住一端,由紅綠線交接處對折並使兩色絲線按步就班交纏合一。

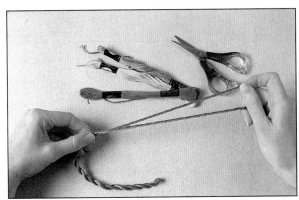

3 將編好的繩飾依捲好的餐巾圓周大小環繞成雙圈,用棉線將鬆散的一端綁緊,再將兩端以針線緊緊縫合並修整平順。

4 用5公分(2寸)長的線段製做兩個總結(參閱23頁的指示),不要將環結線圈剪開,用線綁住繩圈,再將總飾綁上餐巾環。

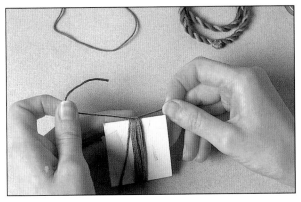

繸飾

繸花也許看來像是個隨意的發明，然而它們是飾帶收尾時自然而然的做法，也是衣飾及家飾編結的常用手法。十七世紀時，編製修整繸飾在法國成爲一種藝術，它們被稱爲passementerie。

繸飾爲家飾增添了色彩和華美，並且使角落的椅墊、窗門簾環扣、更具風格特色；甚至只單純的掛在門把上當裝飾也獨具風味。它們也能增加小飾物如婚禮花束、晚宴手提包

嫘縈絲是製作長繸飾最理想的材料，它可以用冷水染方式上色，製作短繸飾時，可用捻棉線。

討喜的格調，它們的光鮮及擺動總是引人注目。

幾乎任何絲線都能作成繸飾：亞麻質地的絲線編織出具自然效果的繸飾；金線則有豪華氣派。長繸應該使用較具韌性的絲線，如生絲、人造絲。也可以嘗試編製混合不同顏色、質料以增加對比。

絲線重量的有別及繸飾厚度的差異會造成不同效果，對成品有極大影響，所以最好工作時記錄針數、長度、線的用量。至於繸飾，仔細絲線纏繞於硬紙板上的次數、方式，以免繸飾的身形散漫沒勁。另一方面，繸飾應和底布質料搭配，不可顯得過於沈重。

基本繸飾很容易編製，稍複雜或精巧的則需要一點規劃及技巧。在繸飾頂端可以加上一些額外的點綴，或者可以將幾個小繸子合併編結成一個大繸飾。

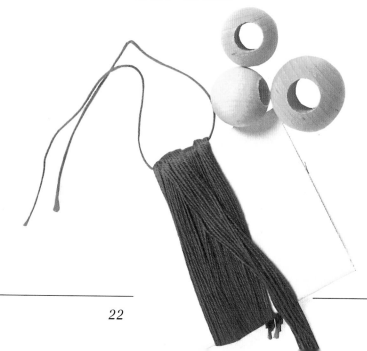

繠飾當然也可以用來裝飾除纖維以外所製成的各種設計上，例如此處的大理石紋紙書籤。

繠飾的各部份爲裙部，頸部，綁部，頭部，繫線等。此例中，繫線藏於書籤內。

要做一件最基本的繠繸時，剪一片厚紙板，長度與所希望之繠繸的長度相等。在紙板上橫於一條短線，將線繞於紙板，其長度至所需的厚度爲止。將短線綁緊，使線圈緊密集結。其尾端即成爲繫掛線，把線圈滑離紙板，用另一條線綁住頸部，把尾端藏入繠繸內，整條線圈的底部。

簡單的飾繸也可以用扣洞縫合予以蓋住，如特別企劃五。

繠飾頭部下用一種編成土耳其式頭結的帶子蓋住。

美麗的多重式繠繸是用一個木製成型模製作。在該木製模上裝有許多小飾繸。頸部則用飾邊穗帶蓋住，

特別企劃四

剪刀繐飾

所需材料

繡線
金線
剪刀
硬紙板
布尺

這個為剪刀設計的優美裝飾需要運用到製作繩飾及繐飾的兩種技巧。

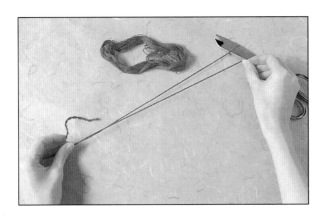

1 剪下6條長1公尺的繡線(這兒使用的是coton a broder)，如15頁所示編纏出繩飾，用適當的繩線將飾帶兩端綁合以形成環圈。

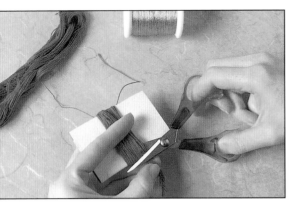

2 依23頁的說明，用5公分(2寸)的硬紙板做出基本總飾。用金線纏繞綁住總頸。

3 將飾帶尾端塞入繩子頂端接合總子與飾帶，在近繩子頂端處打個死結，隱藏繩帶打結的地方。

4 將繩帶環形穿過剪刀眼，把總子穿過環圈，綁出一個雀首結。

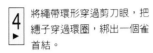

特別企劃五

靠枕

所需材料

棉線
珍珠線
剪刀
鈍針
硬紙板
布尺
方形靠枕

這些精心修整的金冠小總飾及金色蕾絲鑲邊可以給一個樸素單調的靠枕添加特殊風味。

1 ▶ 以9公分(3.5寸)硬紙板按照23頁的說明製作4個基本總飾，每個總飾頂端用各長2公尺(6.5呎)的珍珠線一端綁住。

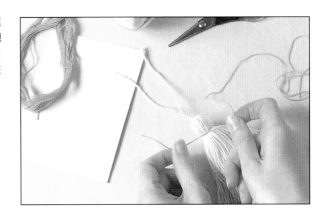

2 ◀ 將珍珠線的另一端穿進鈍針，把總子的頂端朝向自己，繞著總頸依序一圈圈大針平均的以釦眼繡編縫。

3 ▶ 繼續迴旋朝總頂縫釦眼繡，接近頂端時收緊針線，將珍珠線收尾線頭與總頂的留線綁合，線頭隱藏進總身中。

4 ◀ 將四個總飾頂端的留線分別縫上靠枕的四個角，把線頭周全的藏進靠枕。另一部份珍珠線來回環繞靠枕四編製造蕾絲效果。

所需材料

人造絲
染料
小木珠
剪刀
硬紙板
鈍針
布尺

特別企劃六

鑰匙繸飾

繸飾可以如您所願極為精緻。這個由手染絲線作成的
設計是件不俗的21歲生日禮物。

1 以冷染將幾束人造絲染色，或者買現成的絲線。將小木球以絲線纏繞覆蓋，收尾時記得打結。

2 用黃色線做出五個長7.5公分(3寸)的繩子，每一個厚度約為主繩的五分之一。用步驟3的五條飾帶纏綁這五個黃色小繩頸部，

3 依23頁說明用7.5公分(3寸)的硬紙板製作繸飾。這是個有核心的主繩，所以非常厚。

4 3灰色及黃色絲線各剪一條75公分(30寸)長的線段，將兩線打結串連，編繩為飾帶(參閱15頁)，尾端周全的打緊結。以同樣方法重複做出另外四條飾帶。

5 聚合主繩與小繩，將繩頂的線頭穿過小木珠，在小木珠上方打個不會滑落的死結固定繸飾。將另一部份的線段穿過鑰匙並打個死結。將繩子修整平順。

珠飾鑲綴

幾千年來各式珠子一直被運用於製作精緻珠寶及點綴衣物、家飾。早期所有的珠子都由手工製造，只有富人買得起它們。現在只要是想使用珠子裝飾的人都買得起、買得到各式各樣的珠子。許多城市都有特殊的珠子專賣店，這些店宛如阿拉丁充滿寶藏的洞穴。許多國家還可郵購珠子。

珠子有各式形狀及各種尺寸。大多數的珠子有孔貫穿中央，但適於當飾邊收尾的墜珠，孔洞則穿於珠子的頂端。玻璃和塑膠質料的珠子因其可洗性而適於當衣飾。當計畫一件珠飾設計時，必須考慮到需要使用的珠子數量，以及它們的總重量。

平板的布面因刺繡編織上珠子而閃閃動人，印花設計也因珠子而增添不少光彩。一道珠子點綴的邊飾使得作品更臻完美。於布面上畫底圖前，先將設計草圖畫在紙上。如果設計過於複雜，不適於用粉餅直接畫在底布上，則將底圖複至於透明的薄紙上，再將薄紙縫於底布上，當底布上已做好記號或已縫上珠子後，再將紙撕去。

複雜的珠飾應該在縫繡上底布前先於布面上依次預排。如果是薄布料，在縫上珠子前先給布料加襯裡。串線應盡可能配合布料及珠子。需要一支針眼細小的細針以便於穿珠子。

如小珠珠般大小一致的珠子也可以在簡單的網線上編縫出紋路、花樣。設計9便是這種樣式的範本。

縫繡珠子需要強韌的線或細鐵絲。

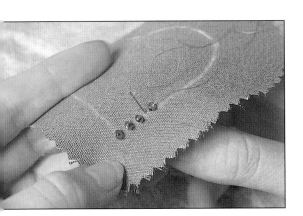

各別或間距較大的珠子，可以用背針縫釘上底布。針線由布的背面穿出正面，將一顆珠子穿入針上，針由右向左依珠子大小尺寸穿回布的背面，再由適當的距離重穿回正面鄰珠的位置上。

金色珠子無論在亮面或暗面布料上都閃閃發亮。上圖的珠飾是玻璃小珠珠。下圖的絨布袋是由兩種不同形狀的塑膠珠所裝飾。

縫釘一整條珠子：由底布的背面穿出兩條線，一條穿滿珠子後在布面上擺出理想中的樣式。另一條線穿針，由起點開始沿著紋路在珠子與珠子之間的線段上逐一以小針縫釘。

特別企劃七

珠飾布邊

所需材料
布料
珠子
韌線
縫珠針
縫紉工具

珠子編織而成的飾邊能使一塊漂亮的布更加特殊。選用較輕的珠子,避免過重。

1 ▶ 計畫如何排列珠子。這個設計綜合運用了種子珠及鵝卵石珠。在布的背面折一道可承受重量的布邊。

將一段強力尼龍線穿過一支細眼長針，把線固定在背面的布邊上，再由布邊沿線穿布面。

3 ▶ 用針線串連選用的珠子，最後穿過一顆被選用為末端而且可以掩飾線段的珠子。

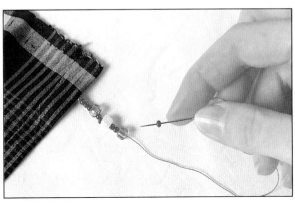

將針重穿入珠串再由近出針處刺回布的反面。於距離較遠的布邊邊緣再出第二針，複步驟3的做法。

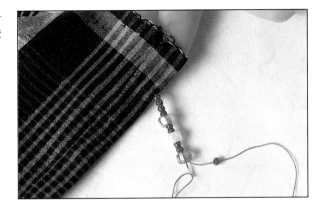

特別企劃八

珍珠項鍊

這些珍珠可以使用玻璃珍珠，甚至塑膠珍珠取代。它能在婚禮上或特殊場合裡製造出引人注目的效果。

所需材料

3釐米(3mm)珍珠
5釐米(5mm)珍珠
串珠線
串珠針
項鍊環釦
小頂珠
鉗子
剪刀

1 ▶ 剪一段175公分(6呎)長的白色串珠線，穿過一支合用的串珠針。先將線的一端穿上綁緊一半的項鍊接頭，再穿過小頂珠，將小頂珠推近項鍊接頭。用鉗子將小頂珠壓緊固定。

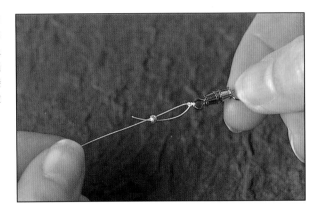

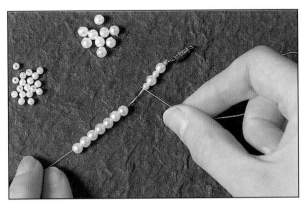

2 ◀ 區分開3公釐的小珍珠及5公釐的大珍珠，以一大一小、一大一小、七大的次序將珠子串連。

3 ▶ *將針線重穿過步驟2中的第2顆小珠子，然後以一大一小、一大一小、一大的順序串連。將針線重穿過第一圈中的到屬第2顆(步驟2中七大珠子裡的第2顆)大珠子。

4 ◀ 加上五顆大珠子，重複第3步驟有*號的部份直到預期中的長度，首尾一致的收尾。尾端穿上小頂珠及另一半項鍊接頭，打結固定，再將針線穿回小頂珠及到數第3顆珠子。將小頂珠鉗緊固定，修剪掉多餘的線段。

特別企劃九

梳袋

編織珠飾是北美印第安人擅長的手藝。這個設計需要
運用便宜簡便的編珠機，或是即興的使用空畫框。

所需材料

編珠機
串珠線
串珠針
種子珠
膠帶
小片氈布或皮布
縫紉工具

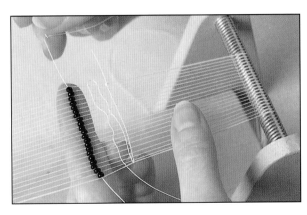

如圖所示將線纏繞於編珠機上。這個設計需要22道經線，但請重複纏繞這22條線以增加強度。剪一條長線作為緯線，將緯線的一端穿針，另一端綁在一邊的經線上。

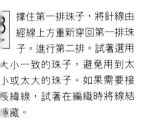

撐住第一排珠子，將針線由經線上方重新穿回第一排珠子。進行第二排。試著選用大小一致的珠子，避免用到太小或太大的珠子。如果需要接長緯線，試著在編織時將線結藏。

2 將緯線來回編過經線。將針穿上第一排珠子，把珠子擠壓到緯線上，置於經線下面，由經線下方用手把珠子一一壓進緯線與經線間。

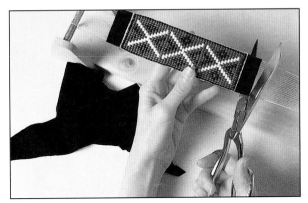

4 完成後，將緯線再編繞兩次才打結。在經線的兩端貼上膠帶固定，剪去多餘的經線。剪兩塊和成品大小相同的氈布或皮布，將成品兩邊有膠帶的部份折到背面，然後縫到一塊布上，再將兩片布的三邊縫合成為一個可以放置小梳子的袋子。

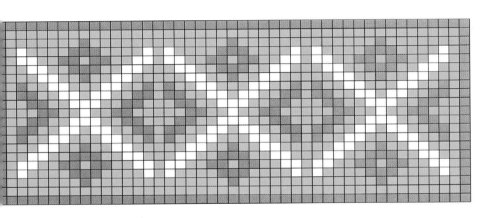

緞帶飾品

傳統上，緞帶一直做爲具有象徵意義的裝飾品，成爲愛情、高雅等的表徵。目前緞帶比起從前已較不昂貴，但仍珍貴。緞帶的質料有絲、綢、人造絲、紗，或者任何布料。這些緞帶運用極具變化性：編、褶、繡、縫皆可，或者紮成幾朵玫瑰。最好收集各種寬度、顏色的緞帶，以便於新成品運用。

自18世紀起，緞帶繡即被使用於衣物和配件的裝飾上，這種裝飾的方法近來重新廣受採用。以緞帶刺繡就有如用木刷作畫。緞帶繡以一條緞帶或許即可繡出傳統刺繡可能要花費許多針線、工夫才能繡出的寬厚範圍。絲質緞帶雖然脆弱易損，但繡出的成品更是特別美麗。

像直針繡、法國結、以及回針繡等一般針法都可以運用於緞帶繡上。不過也有專門爲緞帶繡發展設計的針法，比如設計10中使用的回針繡。若是在衣物上繡緞帶繡，要使用緊密的針法，以免繡線在衣物洗滌時鬆脫。如果成品是需要加框的，就可以使用寬鬆的針法。

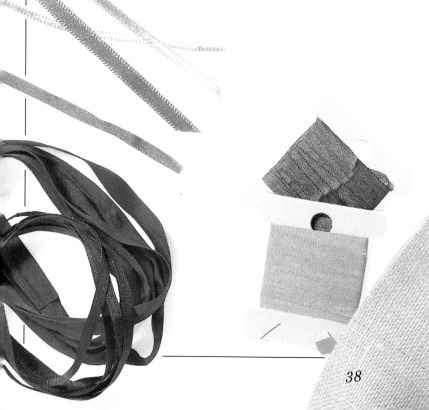

鈍針或牙籤在掌控針法和保持緞帶平整上頗爲有用。將緞帶穿針，用針將緞帶的一邊尾端刺釘在布面上，拉扯另一端。

1 製作緞帶玫瑰，首先將緞帶的右端末尾朝面對自己的方向打個褶做出小梗，沿著緞帶捲動直到形成玫瑰花心。

再將左邊緞帶面朝自己彎折，但不要壓出摺痕。略有角度的捲動軸心使緞帶形成花瓣。捲到褶子的末尾後，重複這個步驟。當玫瑰大小適度時，讓緞帶向梗部逐漸細小收尾。在梗柄處縫縫幾針固定，修剪末端。

蛛網玫瑰

用一條棉繡線以輻狀縫5針於底布上。將緞帶由輻心穿出，一下一上穿越輻線。上下編織時讓緞帶隨意捲曲。

這個漂亮的小錢包上運用了法國結、直針繡、蛛網玫瑰等緞帶繡裝飾。還運用了回針繡和珠飾。

特別企劃十

餐巾

所需材料

亞麻布
絲質緞帶
棉線
縫紉工具

絲質緞帶刺繡最具成效，尤其是運用於如同這些三色
紫蘿蘭的花草樣式上。

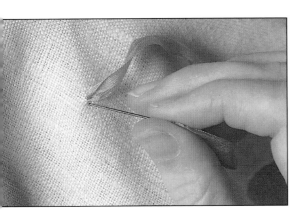

1
▶

剪一塊方形亞麻布，四邊縫邊。將8釐米(8mm)的紫色緞帶穿針，由亞麻布的近角落處起針，於近起針處回針，形成一個小環。重複做出另一瓣平行的花瓣，再重複做出另外兩組花瓣。以一般縫線小針的將這些花瓣固定於底布上。

2
▶

將4釐米(4mm)的黃色緞帶穿針，由花朵的中心向每一片花瓣的中央各繡一針直針，釘住重疊的紫色緞帶。

3
▶

將3公釐(3mm)的金色緞帶穿針，在花朵的中心打一個法國結(參閱123頁)。

4
▶

將3釐米的綠色緞帶穿針，以直針繡由葉尖開始兩邊來回逐步縫向葉柄繡出葉子。用3股合編的綠色棉線以回針繡縫出花的梗柄。

特別企劃十一

置線捲袋

所需材料
綢質緞帶
氈布
內裡
熨斗
縫紉工具

這個用綢質緞帶編織而成的捲袋可以將繡線整齊有序的固定安放以利作業。需要8公尺長、1.5公分寬的緞帶。

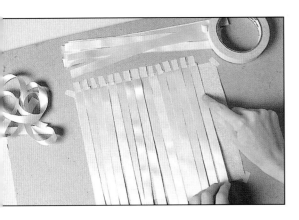

剪一塊28×23平方公分可熨燙黏貼的內裡，將有膠水的一面朝上，以膠帶貼黏固定於工作台上。將幾條1.5公分寬的緞帶沿著內裡的頂端垂直排列黏貼。

2 將緞帶橫向上下編織穿過垂直的緞帶，每穿好一條即將兩端以膠帶固定。全部編好之後，用熨斗熨燙使膠帶與內裡黏合。

3 剪一塊25.5×20平方公分（10×8平方寸）及一條長25.5（10寸）、寬3.5（1.5寸）的氈布。將布條擺在布塊中間，先以大頭針固定，分好間隔，再用針線將氈布縫合，做出放置絲線的環套。

4 將編好的成品修剪成與氈布相同大小，把氈布覆蓋於內裡上。以較寬的緞帶假縫成布邊由四邊包住氈布和成品，沿著邊緣仔細縫住每一條編織的緞帶末端並縫合布邊。

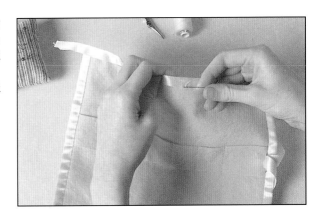

5 將一條緞帶對折，用針線縫幾針固定於一邊。

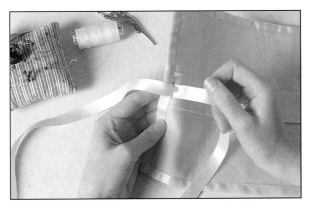

特別企劃十二

緞帶花圖飾

這幅由緞帶玫瑰擁簇出華美盛宴氣息的畫，適於做為
結婚週年或其他浪漫場合的贈禮。

所需材料
底布
絲質緞帶
繡花圈
縫紉工具
硬紙板
圓規
刀子
切割墊
凹槽框

1 依照39頁的說明，使用柔軟的緞帶做出幾朵玫瑰。剪一塊底布夾進繡花圈中。

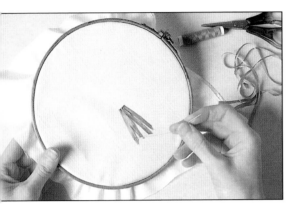

2 剪幾條細窄的淺綠色緞帶縫在底布上做為梗柄。

3 將一條緞帶兩端縫合形成環圈，剪另一條緞帶纏繞環圈的中央做成蝴蝶結。將蝴蝶結假縫於底布上，再用同色線以小跳針將蝴蝶結縫何固定。

4 由蝴蝶結中心依序向上以同色線、雙針法將玫瑰一朵朵縫上。確定玫瑰是直立、讓人一目瞭然的。

5 捲些半成形的緞帶玫瑰花苞，將這些花苞平放於花束頂端邊緣，用針線固定。再縫幾段淺綠色緞帶在頂端的花朵間做為葉子。剪一塊圓形硬紙板，將成品包住硬紙板再放進框裡(請參考13頁的說明)。

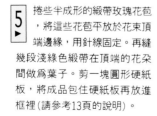

碎花拼布

拼布也稱為拼貼，是種將幾塊小布縫合成為一塊大布，以做為百納被、夾克、壁飾的手藝。拼布幾乎做什麼都行。

依據傳統，碎布通常以塊狀拼組。它們以相同的形狀拼縫組合出如同設計14所示的基本式樣。簡單重複這些包括正方形、長方形、菱形

的式樣可以減少工具的使用及空間的佔據，頗具經濟效益。塊狀拼布的變化實際上是無窮的。單一的布塊可以用長條的布料區隔；兩兩成雙、沒有用布條區隔的布塊可以創造出另一種更複雜的花樣。可以用手工拼湊布

塊，但是縫紉機可以無損於品質的加快製作速度。然而拼湊的質料是紙時(次頁)，就得用手縫。運用紙板模製做相同布塊需要更精細的技巧，這種技巧適於製作小型物件。

"亂組"的拼布以經濟但不規則的方法組合不同形狀的碎布。鋸齒狀拼布喜歡組合各式可以用的布塊，絕不浪費一絲可用的資源。棉布因容易使用及穿蓋舒適，是最理想的拼布料。目前許多藝品行及郵購公司出售特別為拼布而設計的同樣式的棉質小布塊。雖然與拼布的原來用意不盡相同，但這種做法卻提供設計者更多選擇性。

圓刀、透明格尺、以及切割膠墊都是值得有興趣製作拼布者添購的工具。

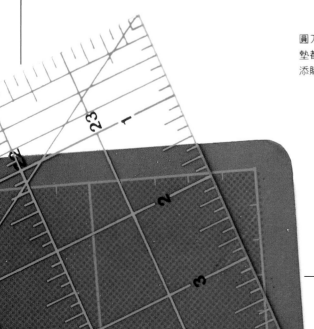

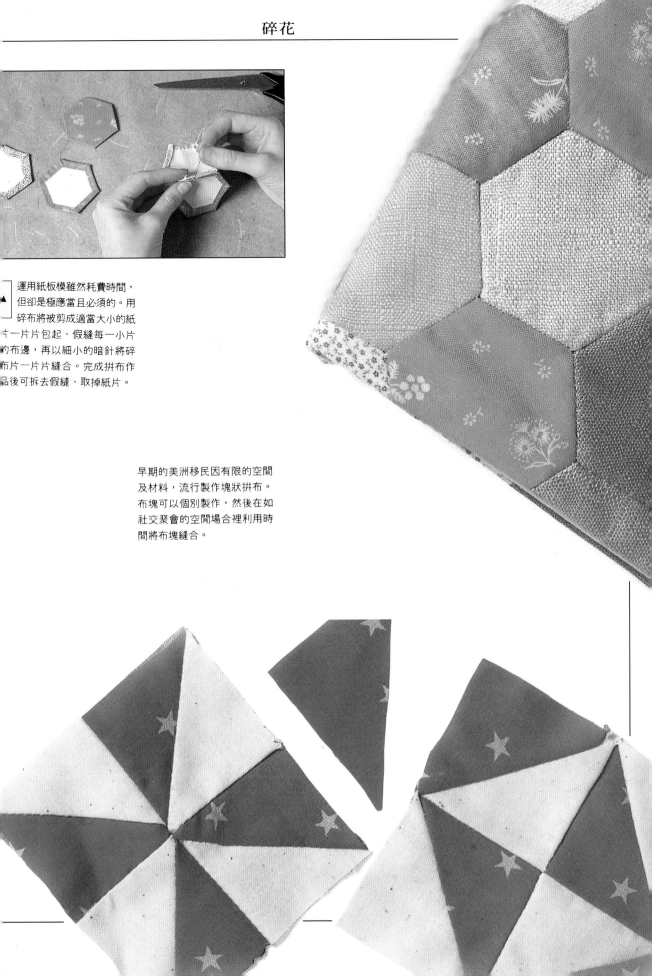

運用紙板模雖然耗費時間，但卻是極應當且必須的。用碎布將被剪成適當大小的紙片一片片包起、假縫每一小片的布邊，再以細小的暗針將碎布片一片片縫合。完成拼布作品後可拆去假縫、取掉紙片。

早期的美洲移民因有限的空間及材料，流行製作塊狀拼布。布塊可以個別製作，然後在如社交聚會的空閒場合裡利用時間將布塊縫合。

特別企劃十三

購物袋

所需材料

碎塊棉布
底襯
內裡
釦子
帶子或緞帶量尺
割剪工具
縫紉機
縫紉工具

這樣的帶子正符合您的需要：它比紙袋或塑膠袋更有益於環保，而且使討價還價更添色彩、更加生動。

1 利用碎布剪裁出一片片長方
形布塊(每一塊預留車縫的
邊沿部份),將這些小布塊
排成一整塊,在大布塊頂端安
排寬布邊。將小布塊縫合,邊
縫邊調整布、線,做出布袋的
一面。安排並縫合另一面。在
兩面頂端各縫上寬布邊。

2 將兩片拼縫好的布正面相對
,以針線縫合兩邊及底部,
將正面翻出。剪兩塊大小核
袋子一樣的底襯,底襯頂端折
出布邊,將兩邊及底部縫合。
把底襯袋裝進拼布袋中。

剪兩條比預計的提帶長、寬
多2.5倍的布帶,將布帶背
面與膠面內裡熨燙黏合以增
加提帶的強度。放一把尺或一
條緞帶於布帶正面,包著尺直
向翻折成長條,縫合長條的邊
及一端。將尺拉出以將帶子的
正面翻出,壓平。

4 將兩條提帶兩端各塞進拼布
袋與底襯袋兩邊之間,提帶
會經過袋子頂端的布邊,將
提帶牢固的縫於布邊上。以手
工將底襯袋沿著袋口縫於拼布
袋上。在拼布袋的兩側縫上幾
個飾鈕。

特別企劃十四

鄉村風餐具墊

這個樸素餐具墊上的幾何圖形式樣被稱為"打破的盤子"。拼湊這些碎布有經濟又快速的好方法。

所需材料
棉碎布
底襯
墊布
斜紋布
尺
鉛筆
切割工具
縫紉工具
縫紉機

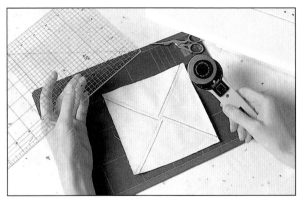

切割一塊邊長143釐米(5又8分之5寸)的正方形紙模板，以此模板裁剪出兩塊布：一塊花布，一塊白布。將紙版模與一塊白布紙上布下重疊，在紙上對角畫出交叉線，分出四個正三角形。

2 ▲ 離線6釐米(4又2分之1寸)沿線車縫，再以輪刀沿所畫的線切割。將裁下的四塊三角形分開，暫置一旁。

如圖所勢將四片正方形布塊縫合，壓整平順，四邊加入大三角形(步驟2所作)。縫合後將線面修齊平整。

3 ▲ 用一塊邊長114釐米(4.5寸)紙版模裁出四塊布：兩塊花布，兩塊白布。重複步驟1、2做出16塊三角形。如圖將三角形布塊兩兩拼合，總共可拼做出4個正方形。壓整平順。

5 ▲ 剪出與拼布成品大小相同的填布及底布，將填布、底布放於成品的反面與成品縫合。在中央的正方形四角各以針線縫釘一針，在背面收針。將三層布假縫。再以布條於四邊包住三層布以滾邊。

特別企劃十五

拼針聖誕襪

各式各樣的碎布以繡線隨意排列拼縫，使聖誕襪倍增熱鬧氣息。

所需材料

碎布
底襯
繡線
鉛筆
紙
剪刀
縫紉機
縫紉工具

1 將158頁的襪子模型放大300倍做為模板，依此剪下兩塊布。將各種碎布剪成各式不規則形狀，排列於襪狀的底布塊上，每一碎布需稍重疊。用大頭針固定每一塊布片。

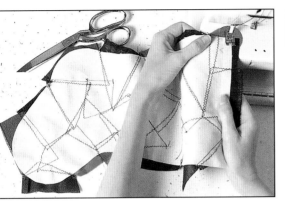

2 將每一塊碎布以黑線、鋸齒形針腳車縫於底布上。全部縫好後，沿著襪子邊緣車縫一遍。修整碎布參差的邊緣。

3 以兩股繡線用羽毛繡或回針繡及跳針繡（參閱123頁）沿著每片碎布的縫線編繡。如上圖所示準備襪子的另一面，確定碎布是縫在底布的正面上。

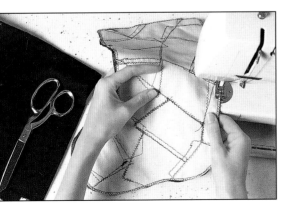

4 將兩片襪子正面相對，沿襪邊縫合，留出襪口，將正面翻出。剪兩塊襪狀的黑布，縫合做為內襯，反面向外塞入拼布襪內。以手工將內襯與拼布襪於襪口縫合。

鑲嵌縫飾

鑲縫是種將布片剪出圖樣再將之縫繡於底布上的方法，布片通常設計爲花鳥圖或具體圖樣。本來是爲了延長衣物使用的壽命，或者保護表面容易損毀的貴重物品而生。在布面上縫釘彎曲的小布塊比縫接碎布容易。而以花朵、鳥兒、水果等主題圖案的精心設計、製作成爲婦女們炫耀手藝的方法。

鑲縫通常和拼布混用以製作床單，但值得單獨使用鑲縫展現鑲縫的特殊及好處。小一點的設計可用於靠墊、亞麻桌巾、或素面的T恤上。

使用什麼方法鑲縫視選用的布料而定。如果縫製作品前必須將布片車布邊（若成品是常需洗滌的，就可能需要這麼做），則使用天然布料-棉布、絲、毛料-最好，因爲這些布料柔軟容易摺邊。做爲背面的布料應該與鑲縫面的布料一樣輕重。

鑲縫的各式布片可用長針縫假縫固定於底布上，或是以黏性紙布熨燙黏貼，然後再以滑針或如卸眼縫等的花針縫死固定。或者，可以用縫紉機以鋸齒形針腳沿布片的粗邊縫釘。若使用車縫的方法，可能還需要用到固定器以防底布罹滯起皺褶。

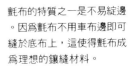

氈布的特質之一是不易綻邊。因爲氈布不用車布邊即可縫於底布上，這使得氈布成爲理想的鑲縫材料。

黏性紙布是紙製品，可以剪
出鑲縫的式樣融合於底布上
。運用黏性紙布時，仍應用
針線將布片縫邊，以免布邊脫
落。

傳統的鑲縫方法在把布塊縫
上底布前會先在布塊上折布
邊。爲了易於操作，折布邊
前也可以先加底襯。

如果使用的是輕薄不易褶縫的布料，或
者是很小的布片，製作前先在布上融黏
底襯再剪圖行會頗有助益。或者用套膠
紙熨黏於布片背面，再於作品完成後撕
去。

特別企劃十六

廚具罩套

所需材料
氈布
棉線
複寫紙
鉛筆
縫紉工具

氈布因為無需擔心散邊，所以成為鑲縫的絕佳材料。
這個設計即以氈布鑲縫純真的圖案做乘廚具罩套。

1 量好欲蓋罩的廚具大小，依此尺寸剪兩片長方形氈布做為罩套的前後面，再剪三片長形氈布做為套頂及兩側布面。

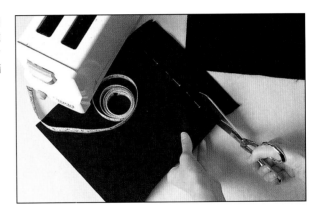

2 複製156頁的小鳥圖形於紙上，剪下圖形做為模板置於氈布上，剪下鳥形的氈布片。將鳥形的氈布片置於做為底布的氈布上，假縫固定於適當的位置上。

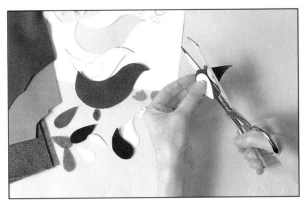

3 以兩股棉線纏繞成的繡線將主題布片以縫邊針法縫牢。以回針縫(參閱123頁)繡出花莖。

4 以三股棉線纏繞成的繡線用釦眼繡間隔一致的將套頂及兩側與前後面的氈布縫合。

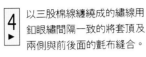

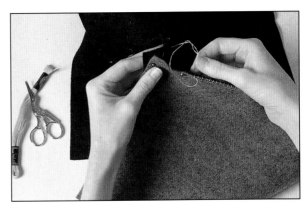

特別企劃十七

小圍裙

這些頑皮的小貓是孩子們在廚房裡幫忙時的最佳良伴。圍裙的大小要合於使用者的尺寸。

所需材料

厚棉布
邊布
碎布
黏性紙布
棉線
熨斗
紙
鉛筆
縫紉工具

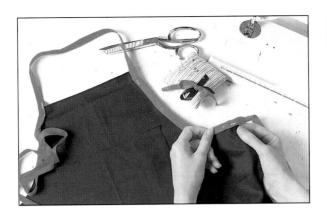

1 將157頁的圍裙模版於紙上放大成合適的尺寸(詳情請參閱12頁)。將一塊厚棉布對折,把紙版與棉布折線對齊重疊。將棉布依紙板剪裁成圍裙形狀,並剪一塊長方形棉布做為圍裙上的口袋。沿著圍裙邊緣褶出布邊。假縫一條斜紋布於圍裙的兩肩窩處以形成套帶,量好大小後將斜紋布縫釘於圍裙上。

2 將小貓圖案畫於黏式紙布的背面上,紙布有膠水那一面與碎布的背面依廠商指示熨燙黏合。將碎布上的小貓剪下。

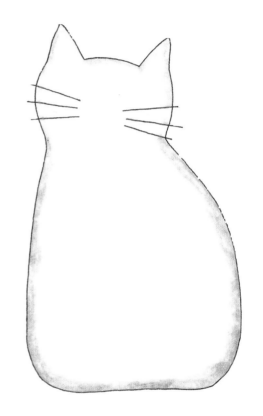

3 把貓形棉布背面的紙撕去後安置於圍兜上,用熨斗將貓形棉布在圍裙上的適當位置熨平固定。用兩股棉線纏繞成的繡線以大針的鈕眼繡沿每一隻貓的邊緣與圍裙縫合。用四股棉線合成的繡線以直針繡出貓咪的鬍鬚。將口袋縫在圍裙的適當位置。

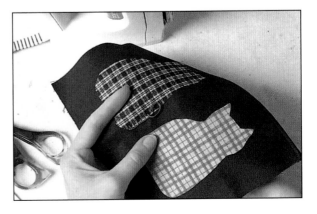

特別企劃十八

針飾紀念品

渲染及嵌花，廉價的蕾絲也可以製作得非常特別。這個設計以蕾絲裝飾一個通常是做為迎接新生兒賀禮的家傳小墊飾。

1 ▶ 將白蕾絲浸泡於咖啡或茶水中，以冷水清洗後風乾，做出古老的風味。在要用的花紋上噴灑亮光液，然後小心的剪下。

2 ▶ 剪一塊正方形、同樣大小的綢緞和紗布，將兩塊布重疊做為鑲縫蕾絲的底布，亦即墊飾的布面。將剪下的蕾絲花樣以適當的針線小針的縫於底布上。

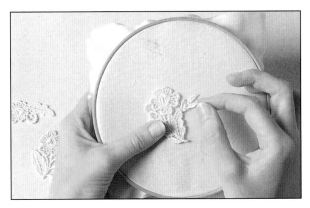

3 ▶ 在底布上循鑲縫上的蕾絲花樣假縫，出墊飾大小的圓形。將底布背面朝上，沿著假縫將兩層布車縫接合，留個將布翻面的缺口。剪修多餘的布邊，翻出正面。沿布邊縫上整齊的蕾絲。

4 ◀ 以可以固定大頭針的鋸木屑或是米糠填充墊飾。用手工將缺口縫合。把大頭針一一插進墊子為蕾絲增色。注意：這個小墊子是傳家的飾品，不是小孩子的玩具。

車縫花紋

縫合幾層布料的技巧通常是將拼布與鑲嵌交互混合運用。當然，拼布是鑲嵌的基本技巧，而其他方法則不一定絕對需要。

一件拼縫作品可分成三部份：有或許以拼布或鑲縫裝飾的頂層；有填料的中層；以及做為底面的第三層。這三層布料以可能在正面上縫繡出重要裝飾的拼縫或刺縫來連結。

在有印花布料的18世紀以前，素色的布料以精細設計的鑲嵌縫繡製作成家飾及帽子、背心等衣物。手工縫紉一直活躍於以特殊設計和主題成為地方傳統的地域。

最常於縫繡拼布時使用的針法是以較看不見線段為特色的連接縫。若想讓布面上有較明顯的線條，則可以使用回針縫，或其他如鏈形縫等可形成連線的針法。然而，縫製一件作品時，縫線不應喧賓奪主。盡量使縫線長短均勻。

選用如棉、絲、或棉毛混紡等自然質材做成的布料當頂面。拼縫的作品較不注重布面上裝飾的碎布式樣，而是以素色平滑的布面為主。第二層的填料或裡襯可用厚薄不一的棉、毛、人造布、或上述各項的合成布料。最底層則可使用軟棉布或床單布。縫線應強韌，有專為拼縫特別設計的線，不過顏色選擇性較少。

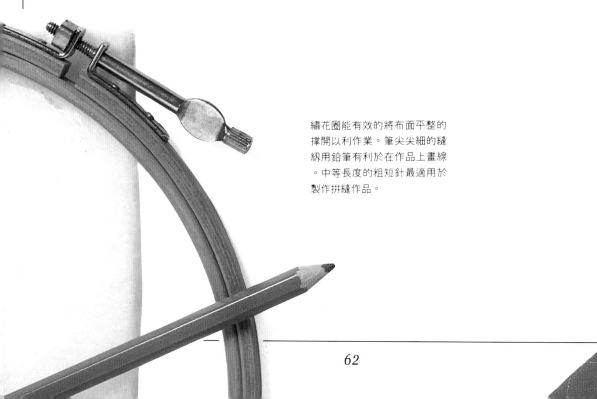

繡花圈能有效的將布面平整的撐開以利作業。筆尖尖細的縫紉用鉛筆有利於在作品上畫線。中等長度的粗短針最適用於製作拼縫作品。

在trapunto及義大利的繩飾中，多餘的繩線成為作品的一部份。如果以白色床單為布面，夾層襯裡的顏色可成為設計的一部份。

式樣簡單重複的圖案可以使用於素色的平面布料上，或者和拼布、縫繡技巧混合使用。

藉由縫紉機的幫助可快速完成拼縫作品，尤其是使用直線拼縫時。可利用膠帶標出直線。

在trapunto及義大利的繩飾中，多餘的繩線成為作品的一部份。如果以白色床單為布面，夾層襯裡的顏色可成為設計的一部份。

特別企劃十九

鍋墊

所需材料
棉布
底布
襯裡
粗線
複寫紙
鉛筆
膠帶
滾邊布
縫紉工具

這個小設計是初學拼縫者理想的入門作品。它使用碎布、做工簡易、耗時不多，而且成品在廚房中頗為美觀實用。

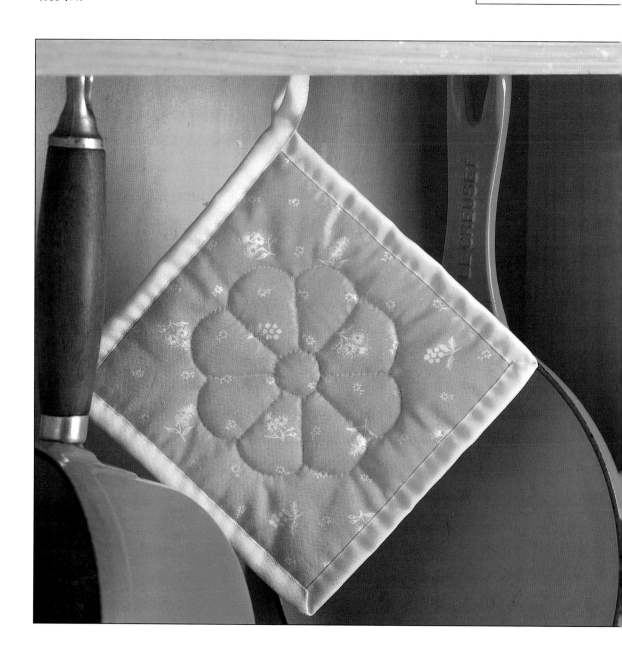

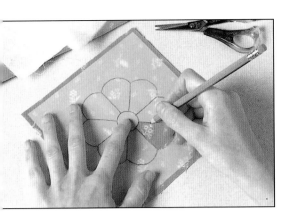

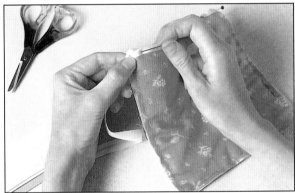

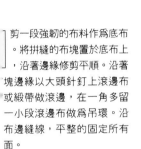

在紙上畫出花樣,再小心剪下"一片花瓣"。將圖樣置於一塊棉布上,沿著花瓣的洞緣在布上畫出花瓣,重複畫整個圖案。

剪一段強韌的布料作為底布。將拼縫的布塊置於底布上,沿著邊緣修剪平順。沿著塊邊緣以大頭針釘上滾邊布或緞帶做滾邊,在一角多留一小段滾邊布做為吊環。沿布邊縫線,平整的固定所有面。

2 ▲ 將棉布剪成適當大小的正方形。剪一塊相同大小的夾層襯裡及另一塊棉布,有圖案的棉布擺最上層,將三塊布重疊。用大頭針將三層布固定,用一端打死結的粗棉線以小跑針縫沿花瓣圖案縫繡。儘量朝自己的反方向縫針。

拼縫小圍兜

這個用刺繡縫製成的小圍兜，適於做為特殊場合中贈送給可愛小嬰兒的禮物。為了安全起見，確定珠子都縫釘牢靠。

所需材料

棉布
底布
薄襯裡
亮色絲線
紙及鉛筆
膠帶
珠子
緞帶
繡花圈
縫紉工具

將一張紙對折,再將折線對齊157頁的圍兜圖形上的虛線,把圖形複製於紙上。剪紙上的圍兜模版,在棉布上紙模版畫出圍兜形狀,接著出心形。將棉布剪成圍兜形,再將襯裡及底布剪成大小樣的圍兜形。將三層布別在起。

2 把布放進繡花圈中,將兩條膠帶平行斜貫黏貼於心形部位。將珍珠色線一端打結,沿著膠帶邊緣以跑針縫紉。轉換膠帶的方向以成為菱形花樣,縫完所有的菱形。

移去膠帶,縫出整個心形。在線的每一交叉點縫上珠子,將線穿梭於襯裡間,使底背面看不到線段。

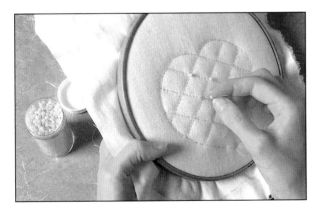

4 將作品移出繡花圈,輕壓有珠飾的心形部位,使之平整。沿著圍兜邊緣假縫,將邊緣剪修平整。沿著圍兜別上一條緞帶,於頸部兩端各多留一小段緞帶做為綁帶。以手工將緞帶縫於圍兜邊緣做為滾邊。

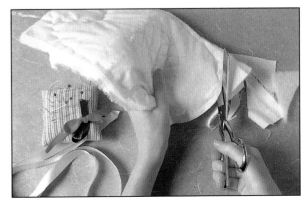

特別企劃二十一

化妝袋

所需材料

棉布
薄襯裡
棉線
毛線
尖針
毛線針
紙
鉛筆
拉鍊
縫紉工具

這件義大利式設計,縫線穿越拼縫的花式部位。棉質布面添加精緻的色彩造成立體感。

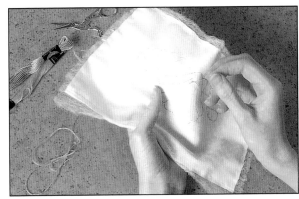

剪兩塊棉布及一塊薄襯裡，皆長14公分、寬23公分(長5.5寸、寬9寸)。將下方的圖樣轉畫於一塊棉布上。

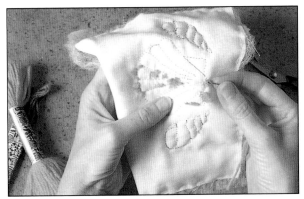

2 將襯裡置於兩塊棉布間，沿邊將三塊布假縫。選一條顏色適宜的棉線，一端打結，以小跑針沿著圖形線縫繡。

3 當拼縫完成。用鈍針穿上毛線，由背面將針線穿過底層及襯裡間，但不要穿透頂層布面。讓針線沿著拼縫出的紋路通過，再由背面穿出，貼進布面修剪毛線端。重複平行的紋路中縫填入毛線(但不要填太滿)，完成後用針將線尾勾進布裡。

4 用一條18公分(7寸)的拉鍊，一邊縫於圖案上方的布邊。剪一塊相當大小的棉布，與拉鍊的另一邊縫合。打開拉鍊，將袋子兩邊的布正面相對縫合，將袋子正面翻出。做一個內袋裝入袋內，用手工縫合。

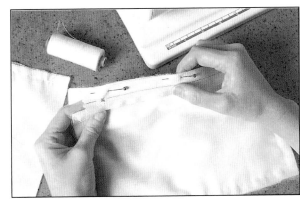

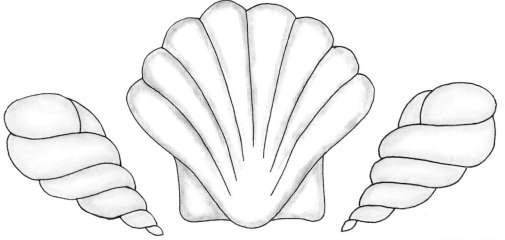

布絲抽剪

正如同沈默在音樂中扮演重要角色，挑空---布料遺失的部份---可成爲刺繡中的重要成份。挑空有幾種方式：布料上的線可以用特殊的針法抽離；或者，可選擇性的抽掉一些線，在將留於布面上的線重新安排。這兩種方法適用於紋路簡單、編織均勻的布料，這種布料運用挑空後，能產生極爲不同的變化效果。剪修----布料的一部份於設計中被剪掉，可以運用於各式布料上，即使是被編織得很緊密以減少脫邊的布料。

十七、十八世紀時，斯堪地那維亞及義大利皆極爲風行如針織蕾絲般複雜的剪修技術。那時的做法是：先以跑針圈繡出主題單純的圖樣，再以釦眼繡沿著主題中將被剪去的部份縫繡，在更複雜的剪修中，被剪去的部份會以被稱爲"picots"的花紋線條裝飾。手工剪修耗費許多時間，很多人寧願使用縫紉機。使用縫紉機車縫較輕薄的布料時，或許可以使用商用定布固定作品。

拉線是最精細的刺繡方法之一。布料上的線被一一拉出，再用針線將留在布上的橫線、縱線縫合聚集，所形成的花樣正式而雅緻。這種刺繡方式源於16世紀的歐洲，那時多數的農民以這種做法裝飾衣物。現在則因這些做法做出的成品較不能用洗衣機清洗，而較常使用於桌巾、餐巾、客用毛巾、以及手帕上。與布料同色的線應被用於滾邊、縫邊、或裝飾被鏤空的部份。而顏色不同的線則會減低效果。

兩種複雜剪修例子：交界鏤空
及有格子洞的領子。

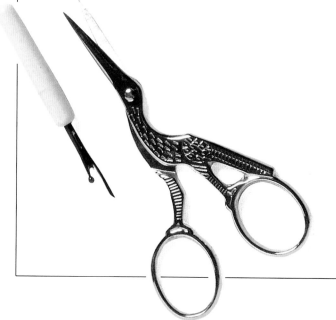

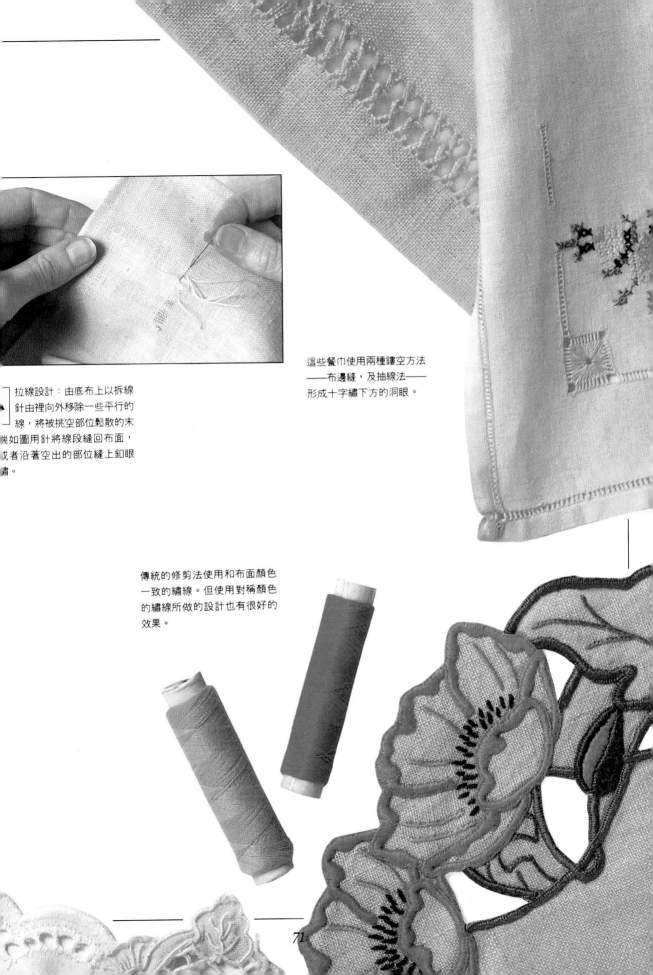

拉線設計：由底布上以拆線針由裡向外移除一些平行的線，將被挑空部位鬆散的末端如圖用針將線段縫回布面，或者沿著空出的部位縫上釦眼繡。

這些餐巾使用兩種鏤空方法——布邊縫，及抽線法——形成十字繡下方的洞眼。

傳統的修剪法使用和布面顏色一致的繡線。但使用對稱顏色的繡線所做的設計也有很好的效果。

特別企劃二十二

波浪形縫邊

縫製這種古老風味的布邊需要一些耐心。雖然製作不易，但卻能增添睡袍、亞麻床罩、或是桌巾的典雅氣息。

所需材料

棉布或亞麻布
棉線
紙
鉛筆
剪刀
標識工具
縫紉工具

1 ▶ 將紙片折3折成適當的寬度，一端畫出適當的弧形，必要時可用圓規，沿弧線剪出波浪形的曲線。將鬆開的紙片置於布面的邊緣，用鉛筆沿弧線將曲線畫於布面上。將紙片輕輕平行後移，重複於布上畫出另一道曲線。

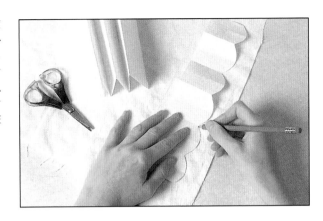

用6股式棉線沿布面上的兩道曲線縫上小平針。沿兩線之間縫上兩排長針以增加布邊的長度。

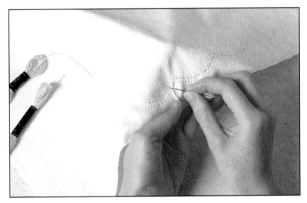

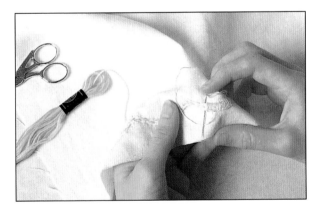

3 ◀ 剪一長條漸層色彩的棉線，分成兩股式棉線穿過長針，將線固定於兩曲線間。於兩曲線間縫上極緊密的釦眼縫(參閱123頁)，在末端打上完成後將被修剪掉的環結。

4 ◀ 釦眼繡縫完後，沿著曲線外圍小心剪去多餘的布料。最好使用小支的彎剪。

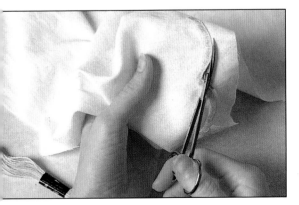

特別企劃二十三

鏤空桌巾

所需材料
平織布料
棉線
拆線針
繡花針
縫紉工具

這個鏤空設計以一連串十字繡製造出典雅的效果,非常適用於亞麻桌巾。

布絲抽剪

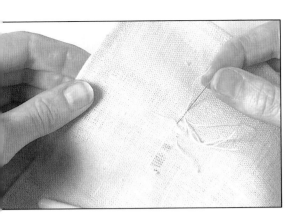

1 ▶ 剪一塊適當大小的平織布料並縫好布邊。在適當的位置以拆線針拆挑掉一些平行線。在末端以將線段塞回布面或者沿邊縫上釦眼繡的方法固定線尾。

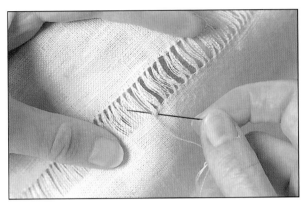

2 ▶ 依下列方法將鏤空部位的一邊縫邊：固定縫線，以針挑起布面上的四條直線，將針線繞過這四線，於布邊縫兩針，將針由縫繞的線束背面穿回布面。以相同的方法繼續一一縫合對稱兩邊線束。

3 ▶ 剪一條比鏤空部份稍長的棉線，將線固定於鏤空部位的一端，將針線穿過兩組線束，用針朝向自己的方向挑起第二組線束。

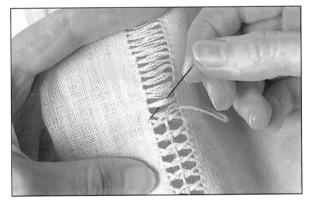

4 ▶ 扭轉針由反向朝第一組線束背面穿過。將針穿回布的正面，拉緊針線。重複這個方法將線組一一做成。完成後以平針收針。

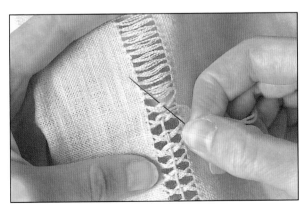

特別企劃二十四

百花香包

所需材料

棉布
透明薄襯趁裡
棉線
面紙
鉛筆
剪刀
縫紉工具

這個設計只需鏤空一面布料。鏤空部份使作品更形美麗，並且能散發乾燥花的香味。

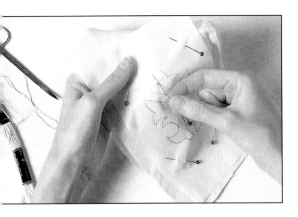

1 將設計圖複製到面紙上。剪兩塊24×12.5公分(9.5×5寸)的棉布兩及兩塊同樣大小的襯裡。將面紙和一塊棉布、一塊襯裡別好,以單線用小平針沿圖線縫釘。

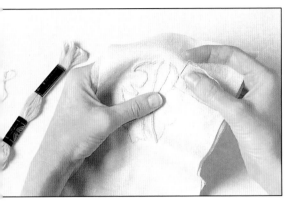

輕輕撕去面紙,不要將平針扯歪。以緊密的釦眼繡沿圖形縫邊,以便圖案的中央部分被剪掉。

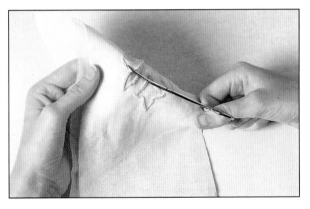

3 用一把小剪刀(最好是彎曲形的)剪下頂布上縫繡部份中間的布料。請格外小心,避免剪破襯裡。將另一塊棉布及襯裡假縫以作為袋子的底層。

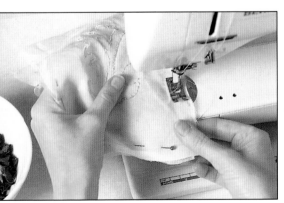

4 將頂布與底布正面相對,縫合底邊及兩側,兩側縫至離袋口4公分(1.5寸)的地方即可。將正面翻出,由袋口將布向內折出寬2.5公分(1寸)的布邊。以棉線作一條飾帶(參閱15頁)。將乾燥花裝入袋內,以編好的飾帶纏繞袋頸封口。

基礎棒針
單色編織

用兩隻棒針打毛線,是種年代久遠的編織方法。基本棒針紙有兩種方法:上針及下針,很容易學會。先在一支棒針上打出一排毛線圈,然後再用另一支棒針將毛線圈一一打過來。用這種棒針法可以打出平整的花樣。

羊毛是棒針傳統的基本用線,但其他如棉線、特殊羊毛線(如安歌拉羊毛)等各種自然質料的毛線,或者各式各樣的人造毛線也都很適用。

傳統的棒針毛線通常是合編幾股線而成。盡量依照設計上的指示,採用說明中建議的毛線。每一批毛線的染色都不一樣,所以一次要購買夠量的毛線,以免發生顏色不一的情形。

棒針有各種尺寸。但除非經驗已夠,否則請使用設計中建議的棒針。

一準備好正確的毛線及棒針,即可開始編織。編織時必須注意打好的毛線的鬆緊度。盡量使毛線鬆緊平均適中。打背心時務必注意符合設計說明中指示的鬆緊度。如果編得過緊,背心會太小,此時可改用較粗的棒針再試,直到鬆緊適度。如果打得太鬆,則改用較細的棒針。基本棒針的打法請參閱80頁。

有些作品,尤其是顆粒針,在收尾縫合前需要壓整,詳情請參閱13頁。然而,擠壓條狀或紋路都會破壞編織品的彈性。用適合的毛線穿鈍針以背針縫將織品的邊縫合。

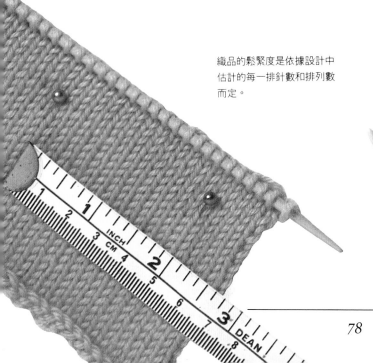

織品的鬆緊度是依據設計中估計的每一排針數和排列數而定。

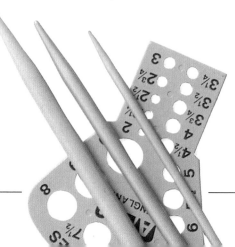

搭部份的織品是以兩支一端尖、一端有棒頭的棒針編織。這些棒真的粗細由2到10米厘不等。

縮寫

棒針的編織法有許多縮寫，下列是本
書中運用到的縮寫項目：

dec	減針
inc	加針
K	上針
K2 tog	連打兩針上針
rep	
P	下針
P2 tog	連打兩針下針
psso	跳過最後一針收針
yfwd	把毛線帶到前方
sl	跳過下一針
st(s)	一針 (很多針)

平針是以一排上針一排
下針穿插排列而成，打
出的是一條條平行的橫
線構成的面。

顆粒針是全部以上針打
成。這樣的織品頗具伸
縮性。

許多棒針的設計可與針線縫紉
合用。然而上述的兩種基本針
法也可以做出可愛的造型。

計算針數及排數的計數器（
可套於棒針上）是理想的輔
助器材，尤其是編織複雜的
作品時。

棒針說明

對初學者而言，棒針作品看來像是早期的電腦程式一樣令人難解。然而一旦明白一般縮寫代表的意思後(參閱前頁)，你會發現針法或式樣通常是相當容易打的。

說明包含括弧內的文字以及代表需要重複的 *號部份。括弧內的數字即重複的次數。

下列的說明是爲慣用右手的人而設計。使用左手的人可用鏡子將圖案反向。

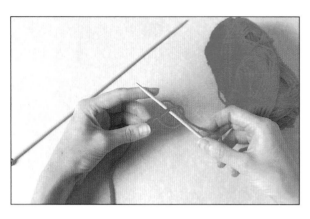

滑結

◄ 滑結用於棒針的起針，可被視爲第一針。將毛線長的一端纏繞短的一端，以棒針挑起主線穿過繩圈，拉長端的線將結打緊。

開始編織（單棒針）

► 距離毛線開端稍遠處打一個滑結(留下足夠打第一排線的線段)。右手纏繞主線並拿著棒針，左手如圖所示拿著毛線短的一端。將右棒針穿入左手大拇指撐出的線圈內，將主線繞過右棒針針尖下方，拉回收線成爲第一針。將線再纏繞於左手大拇指，打第二針。

開使編織（雙棒針）

► 距離毛線開端稍遠處打一個滑結(留下足夠打第一排線的線段)。左手持上有滑結的棒針，右手纏繞主線並持空棒針。將右棒針由前向後穿過左棒針的滑結，將右手上的主線繞過右棒針針尖下方，將主線穿過滑結中拉回於右針上成爲新線圈，依此打更多的針，每一次都將右棒針穿入剛打成的新線圈中。

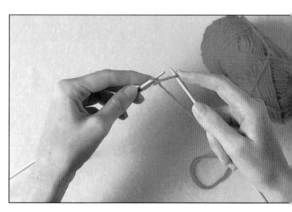

上針

左手拿已有一排線圈的棒針，右手拿空棒針。將右棒針從左棒針下方由前向後穿過棒針上的第一針。將右手上線向前由右棒針針尖下繞過將線圈拉到右棒針上。讓左針上的舊線圈滑落。形成一上針。

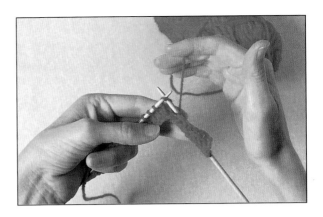

下針

和打上針一樣拿棒針，但讓毛線在前面。將右棒針從左棒針上的第一針前方由右向穿過線圈。將主線順時針方繞過右棒針針尖夾於左右棒間。把線拉到右棒針上，讓棒針上的舊線圈脫落。形成針下針。

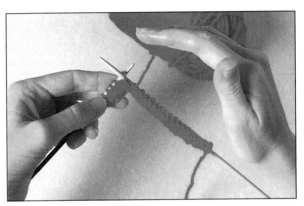

加針

減針可以運用於造型及製作紋。有幾種加針的方法：在同一線圈上打兩次，這種做法被運用於織品邊緣。將線朝一排線的中央，常被用於製蕾絲式樣。或者在打好的針間用棒針將毛線挑起，形成線圈。這是最不易被看出的加針法。

減針

有兩種基本減針法：一種是用右棒針一次穿過左棒針上的兩個線圈，一起打上針（或下針）。或者可以將左棒針上的線圈不加編織的直接打到右棒針上，接著編下一針。將跳過的那一針穿過剛打好的新線圈後脫針。

收針

每次打完棒針都要記得收針。如果是一排編織，先打兩針上針，然後*用左棒針將第二針挑過第一針再脫。打下一針上針，再重複*做法直到只剩一針。留下一小段毛線，其餘剪掉。將這一小段線穿拉過棒針上的最後一針。如果是一排下針，仍按照前面的做法，只是以上針取代下針。

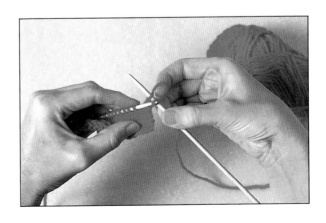

蕾絲圍巾

這條網狀圍巾是以安哥拉羊毛毛海打成，有輕柔的觸感。使用毛海較短、較不蓬鬆的毛線較能展現花樣。

所需材料

毛海
6釐米棒針
計數器
剪刀
鈍針

基礎棒針（單色編織）

用上針或下針打出31針底針。以下列方式打出基本花樣：第1排：K1, *yfwd, sl 1, K1, so, K1, K2tog, yfwd, K1, 重複*到第一排結束。

2排：全部下針。

3排：K1, *yfwd, K1, sl 1, K2tog, so, K1, yfwd, K1, 重複*直到第 結束。

4排：全部下針。

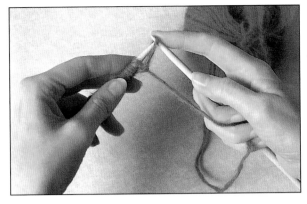

2 ▶ 第5排：K1, *K2tog, yfwd, K1, yfwd, sl 1, K1, psso, K1, 重複 *直到第5排結束。

第6排：全部下針。

第7：K2tog, *(K1，yfwd) 兩次, K1, sl 1, K2tog, psso, 重複*直到 第7排倒數第5針然後(K1, yfwd) 兩次, K1, sl 1, K1, psso。

第8排：全部下針。

重複編打這8排毛線直到理想長 度。

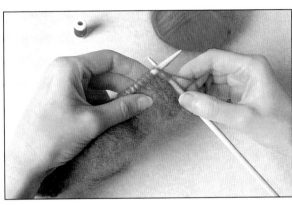

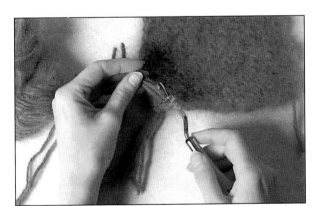

3 ◀ 最後打一排下針收尾。剪下 比邊繐長兩倍的毛線段，用 鉤針或彈簧鉤穿過圍巾邊洞 ，將兩條邊繐一起從中央部份 勾起，一半拉過邊洞，再江邊 繐末端穿過自己另一半形成的 線圈中拉緊。沿圍巾邊緣重複 此步驟將邊繐一一綁上，最後 將邊繐末端修剪整齊。

特別企劃二十六

嬰兒鞋

所需材料

4股式毛線

2.75釐米棒針

剪刀

鈍針

細緞帶

一雙小鞋是小嬰兒基本的衣物配備。這雙小鞋是慶生
及紀念受洗場合中討喜的禮物。

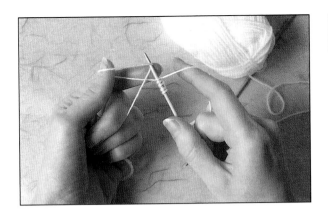

1 先打20針底針。再每一排開頭加1針，打出8排顆粒針（全打上針）。於每一排開頭減1針，再打8排顆粒針。做出鞋底。

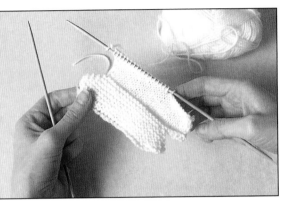

2 第17排：多打5針作為腳跟部份。由第6針起全打長針改織長襪針。第18排：加1針。全打下針。在每一排開頭加1針，全部以下針繼續多打6排。成為一排29針。
第25排：收10針，打19針上針。
第26排：打17針下針，P2tog。
第27排：K2tog，16針上針。
第28排：15針下針。P2tog。
一上針一下針的打6排平針。

第35排：加一針。16針上針。
第36排：17針下針，加1針。
第37排：加1針，18針上針。
第38排：19針下針。
第39排：從第10針開始打，19針上針。
第40排：減1針，全打下針。
從第41排起，每一排開頭都減一針，全打上針。到最後一排只剩25針時即收針。

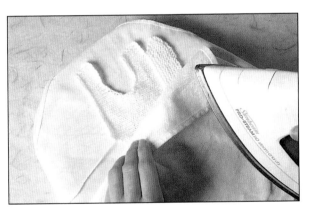

3 將打好的鞋面正面朝上輕壓平整。從腳踝部份的邊緣挑出30針打飾邊：
第1排：K1, *yfwd, K1, 重複*打出59針。
第2排：全部上針。
第3排：K1, *yfwd, K2tog, 重複*直到第3排結束。
收針。打另一隻鞋子，將形狀倒過來。

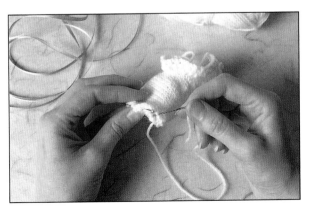

4 以平針將腳跟及腳底縫合。沿飾邊的小洞穿入嬰兒穿上後可拉緊打蝴蝶結的細緞帶。

特別企劃二十七

愛爾蘭披肩

所需材料
4.5釐米棒針
8股式羊毛線
剪刀
鈍針

用厚重的羊毛線打出花樣式愛爾蘭離島Aran小島上的
傳統打法。披肩上兩種打法打出的花樣顯示出宗教和
魚獲並重的島民生活。

基礎棒針（單色編織）

1 ▶ 編織一塊正方形的凸粒面：
先以單棒針起針34針，然後
打6排：
第1排：K3, P到倒數第3針, K3。
第2排：K3, *(K1, P, K1) 都打
在同一針，重複*到倒數第3針
, k3。
第3排：同第1排：
第4排：K3, *P3tog(K1, P1, K)
都打在同一針，重複*到倒數第
3針, K3。
重複打這4排線8次，再打7排上
針然後收針。

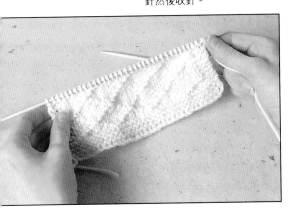

2 ◀ 編織一塊正方行的於網狀條
紋面：先以單棒針起針34針
，然後打6排上針，在最後
一排的中間加一針。然後：
第1排：K7, (P, K7) 3次, P1, K3。
第2排：K3, P1, K1, (P5, K1, P1,
K1) 3次, P3, K3。
第3排：K5, (pP, K3) 到倒數第6
針, P1, K5。
第4排：K3, P3, (K1, P1, K1, P5) 3
次, K, P, K3。
第5排：K3, (P, K7) 3次, P, K7。
第6排：同第4排。

第7排：同第3排。
第8排：同第2排。
重複打這8排線3次，第4次只打
前5排。然後打6排上針，在第1
排中央減一針。收針。

3 ▶ 以1、2步驟打出足夠的方塊
，兩種花樣都要兩兩成雙。
：將兩種花樣的方塊於邊緣
對齊穿插並排。用平針縫將這
些方塊縫合成長條狀，再將條
狀的毛線塊縫合成一大塊。

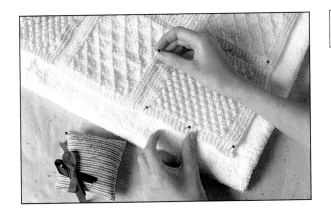

4 ◀ 如果毛線塊變形，將編好的
披肩用無鏽大頭針平整的別
在大毛巾上，再於披肩上放
一塊溼布，以熨斗輕壓燙平。

進階棒針
彩色編織

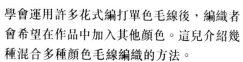

學會運用許多花式編打單色毛線後，編織者會希望在作品中加入其他顏色。這兒介紹幾種混合多種顏色毛線編織的方法。

編織不同色的條紋方法最簡單，只要於編打新的一排時加入新色的毛線，打完時記得將線頭線尾打結即可。當同一排有如同Fair島花式使用兩種以上的顏色時，換線時必須將毛線帶到背面。這樣換線時毛線容易鬆散，可能造成凹凸及鬆緊不一的情形，所以每隔幾針就必將線打到背面。打上針時，有規則的一次打兩針即可將線調整到背面。虎斑條紋每一排必須使用到更多顏色，至少有兩條線必須轉入背面。

當作品中設計有獨立的小花色時，利用纏線器綁住一些線會更有助益，它可以減少毛線糾纏混亂的機會。換線時暫時不用的線段可以不必拉到背面，但要記得每當新色線編打到舊線處時將兩線交織一次。這種被稱爲鑲嵌的針法可以使兩種線在交會時不會形成空洞。

編打複雜的多色織品時也可藉助於設計十字繡、針尖繡時的格子圖，圖表上的一格即可代表一針。如果花式是以黑白色表示，那麼不同的符號則代表不同的顏色。如果是自創的花式或主題圖案，要牢記平針的每一針並非都很平正，可能會產生一些扭曲變形，例如一件正方形的作品會收縮變得有些長方形。

另一種添加顏色的方法是在打好的編織品上用繡花針縫繡。這種做法就如同刺繡般。設計28使用的就是於打好的作品上再以瑞士繡（或稱爲複製繡）添加不同色彩的做法。其他在作品中加色的方法通常只可以增加紋路的變化而較不能像縫繡般可製作圖案。

雜色毛線可以快速簡便的增加編織品的花色。這件以條紋花色紋爲主的織品中還運用了柔軟的人造緞帶來編打。

打好一件毛衣或織品之後，可用繡花針在織品上增添裝飾。這種方法尤其適用於平針織品上。在織品上添加縫飾或瑞士繡時，最好使用與織品磅數同的毛線。

由名稱看來，Fair島花式似乎來自Shetland島，但實際上它可能源自於西班牙，而由遇到船難的水手傳帶到Fair島上。傳統的Fair島背心就如圖中的圍巾般飾圓式的編織。

這個設計30中的茶壺保溫套以反針法打成。但它也可以用鑲嵌繡製作。

特別企劃二十八

瑞士繡

所需材料
平針織毛衣
染色毛線
鈍針
剪刀

瑞士繡是在素色毛衣上增加色彩的好方法。這些小花色只要花一兩分鐘即可做好。

選用一件打得較鬆的平針毛衣。這些小花飾在較緊的毛線上會顯得較小。用和毛衣同磅的毛線穿針，將毛衣朝外由毛衣內穿出第一針，朝上一次挑起兩針。

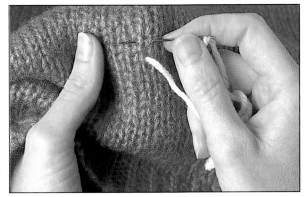

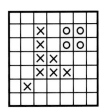

2 ▶ 將針一次橫穿過兩針後，在毛衣背面留下一小段線，將針由原先出針的地方穿回背面，完成一針。在同一排的鄰針重複這個做法。做完兩針後移到下一排由反方向縫繡。

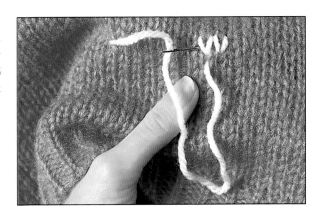

當同色的部份繡好之後，在背面將毛線打結固定。把另一色毛線穿針，依圖表上的記號縫繡。

4 ▶ 將毛衣內裡將鬆開的毛線打結固定，並修剪整齊。這些小花的位置、數量都可以隨意，也可以依一定秩序安排。縫完後輕壓毛衣使之平整。

特別企劃二十九

小香包

這種雪花圖案是斯堪地那維亞編織中的傳統花色。使用聖誕節鮮艷的色彩，製造出迷人的香包飾品。

所需材料

8股式毛線

3.75釐米棒針

剪刀

鈍針

香料

棉心

緞帶

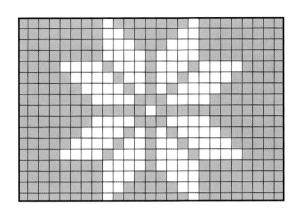

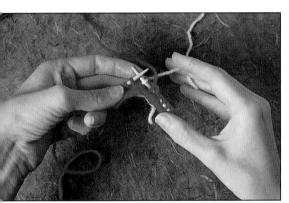

1 用紅色毛線以雙棒針起針25針。以上針打出4排成爲平針。

第5排：紅K8，然後加入白色線，紅K7，將白現代到背面，再1針上針，紅K8，這些即是圖表上的第1排。

2 繼續以上針打出平針，根據圖形換色線。每打兩三針就將不使用的毛線帶到背面。打到圖表上的最後一排時，減去白線，繼續打紅線，再打4排紅線後收針。打一片同樣大小的底面。

3 將兩面毛線輕輕拍壓，正面相對重疊在一起。沿著三邊縫合，將正面翻出。將一匙丁香、肉桂混合香料塞入棉心，再將棉心放入打好的小袋裡。在香包的一角縫上一小圈緞帶，並將袋口縫合。

設計三十

茶壺保溫罩

所需材料

8股式毛線
4.5釐米棒針
剪刀
鈍針

這個保溫罩的格子花色能增添餐桌上的懷舊氣息。這
個式樣是專為小型茶壺而設計的。

1▶ 以單棒針用A色毛線起針。
第1、2排：用A線打上針。
第3排：A線一針下針，*B線5針上針，A線2針下針，重複*到倒數第6針，B線5針下針，A線1針下針。當進行編織時，將不用的線的帶到背面。

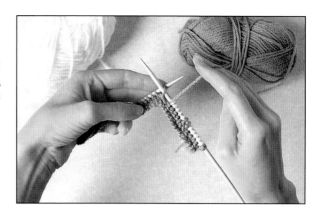

2▶ 第4排：全部下針。但每一針的顏色須與前一排的顏色相同。
第5-8排：重複第3、4排兩次。
第9排：：重複第3、4排兩次。
第9排：只用A線重複第3排。
第10排：只用A線全部打上針。

重複1-10排3次。然後只用A線。
下一排：K2，*yfwd，K2to，K1，K2tog，重複*直到這排結束。共34針。
再打6排上針，然後收針。打同樣大小的另一片。將兩片毛線用溼布覆蓋，再以熨斗輕輕燙。

4▶ 以平針縫合兩邊，在壺嘴及壺把處留下開口。將A、B各剪下兩公尺長的線段，各自對折捲繞，再將捲好的A、B線段交互纏繞做成飾帶（參閱17頁）。將飾帶穿過保溫罩頂邊的小洞，修剪成適當長度。

鉤針

撤開起源不說，只需要一支鉤針和一些線，就能做出的鉤針織品似乎沒什麼特別。鉤針被認爲源自於亞、非洲的遊牧民族。它在中東已被使用數百年。中古世紀的歐洲，人們相競以鉤針製作精巧的蕾絲；16世紀時則被運用於製作教堂的用布及背心；到了19世紀，鉤針成爲更受歡迎的手藝品，常被稱爲"牧羊人的編織"。得自於製作鉤針製品的收入，幫助許多愛爾蘭人渡過1840年代的大飢荒。許多美麗的設計在這個期間出現。

有各種大大小小尺寸不同的鉤針。小一點的鉤針多半是金屬製；大一點的則多是木質或塑膠質材；傳統的鉤針則是骨頭作成的。鉤針的大小及所採用的毛線磅數與編織的成果息息相關。優質毛線可打成精緻的蕾絲、小飾墊、瓶罐罩等物品；用中型鉤針編打毛線，可以作成衣服或床罩；最大的鉤針可使用繩索或粗棉線鉤成小毯子。甚至於椰子樹纖維和繩子都可以使用鉤針編織。只要學會一些針法即可用鉤針打花樣製作作品。下一頁即有相關說明。

大部分鉤針的每一針之間會有縫隙，但使用雙重針便能有結實的表面。

有許多粉色的鉤針線，適用於各種精巧的設計。

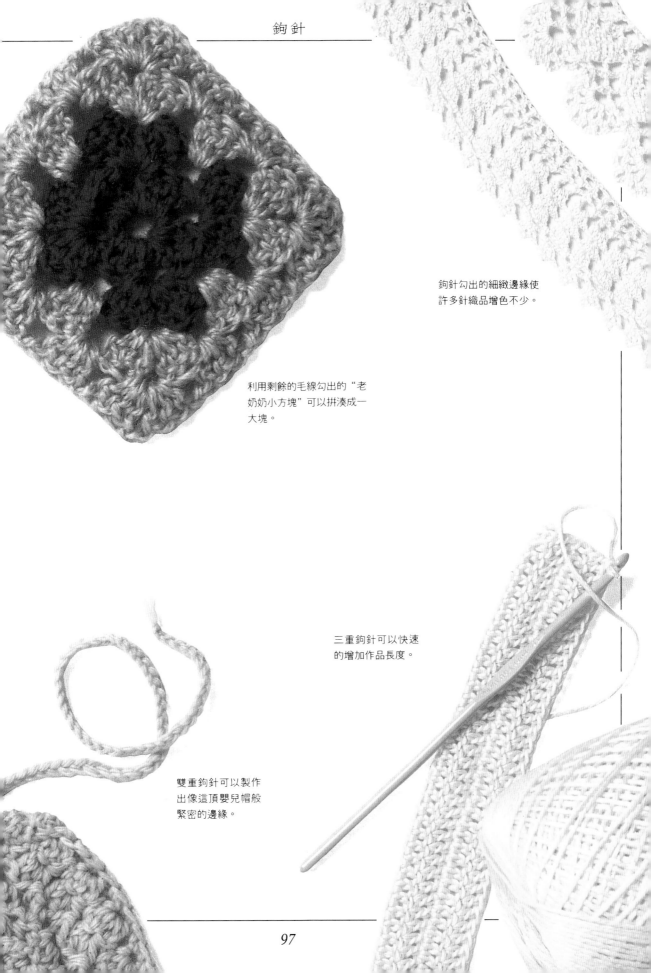

鉤針勾出的細緻邊緣使
許多針織品增色不少。

利用剩餘的毛線勾出的"老
奶奶小方塊"可以拼湊成一
大塊。

三重鉤針可以快速
的增加作品長度。

雙重鉤針可以製作
出像這頂嬰兒帽般
緊密的邊緣。

鉤針說明

鉤針只是種將毛線由線圈中勾出,再編製一個新線圈的簡單編織法。下圖所示的五種基本鉤針邊織法,可混合製作出各種花樣。雙重針、三重針、六重針針法在橫排平行鉤打時可增加每一排的高度。說明中括弧內的指示及*號代表需要重複這些部份以打出連續的圖形。括弧內的英文字母則代表縮寫。慣用左手者可利將圖示以鏡子顛倒方向。以在鉤針上打一個滑結起針(參閱80頁)。

鏈形針 (ch)

▶ 這是所有鉤針織品的底針。一旦打好滑結之後,將毛線纏繞於鉤針上(yoh),用鉤針將線由滑結形成的線圈中拉出,形成新線圈。重複鉤打直到適當長度。

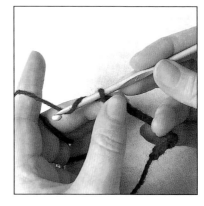

反鏈針 (tch)

利用每一排開使的一針或幾針鏈針,作為下一排增高的根據。用這些反鏈針勾出每一排的第一針。

雙重針 (dc)

1 ▶ 將鉤針由鄰針的線圈頂部穿過。

2 ▶ 將毛線纏繞於鉤針上,只於織品上打出新線圈,yoh將線一次鉤過鉤針上的兩個線圈。

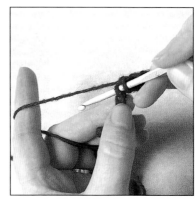
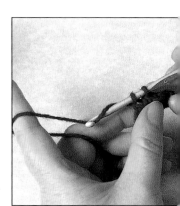

三重針 (tr)

1 ▶ 將毛線纏繞於鉤針上(yoh),將鉤針由鄰針的線圈頂部穿過。只於織品上打出新線圈。

2 ▶ 2yoh,將線一次鉤過鉤針上的兩個線圈。

六重針 (dtr)

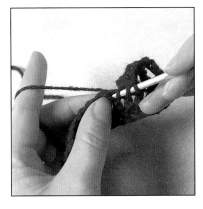
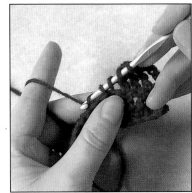

1 ▶ 將毛線纏繞於鉤針上(yoh)2次，將鉤針由鄰針的線圈頂部穿過，yoh，品上打出新線圈。

2 ▶ yoh，將線一次鉤過鉤針上的兩個線圈。

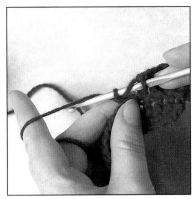

3 ▶ yoh，將線一次鉤過鉤針上中間的兩個線圈。

4 ▶ yoh，將線一次鉤過鉤針上最後的兩個線圈。

跳針 (ss)

▶ 將鉤針由鄰針的線圈頂部穿過，將毛線纏繞於鉤針上，將線一次鉤過作品及鉤針上的兩個線圈。

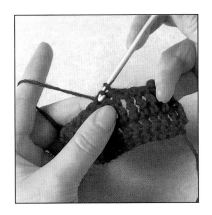

收針

▶ 尾針要打結收緊，以免毛線鬆脫。打完最後一針時，多打一個大一點的線圈。剪斷毛線。將鬆落的尾線穿過大線圈拉緊。用鈍針所有的線尾收入作品中。

特別企劃三十一

戒枕

在結婚典禮上使用鑲有蕾絲邊的戒枕，可增添不少浪漫氣氛。鉤針打成的蕾絲花邊也可以運用於如手帕、小墊子等日常用品上。

所需材料

1.5釐米鉤針
棉鉤線
鈍針
薄布料
人造纖維棉心
細緞帶
縫紉工具

1 ▶ 勾出比毯子長度長4倍的鏈針。

第1排：3tch，2tr，*2ch，2tr，重複*直到只剩4針，以4tr結束剩下的4針。

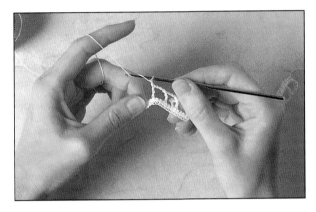

3 ▶ 第2排：3tch，1tr，*2ch，2tr，重複*部份直到最後。當毛線用完需要加入新線時，只需將新線及舊線打結連接即可。全部鉤完收尾時，留下可以縫進作品的足夠線尾。

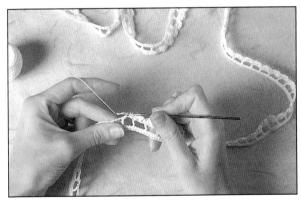

4 ◀ 將蕾絲邊假縫於小枕四周，再以細小的平針縫將蕾絲縫釘於小枕四周。

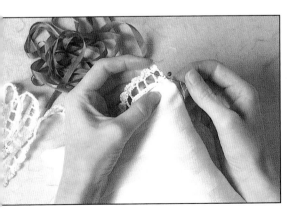

特別企劃三十二

煮蛋保溫罩

所需材料
8股式毛線
4釐米鉤針
鈍針
剪刀
布尺
蛋杯

這些以剩餘的鮮艷毛線鉤成的水煮蛋保溫罩，絕對能使早餐桌上倍增盎然生氣。

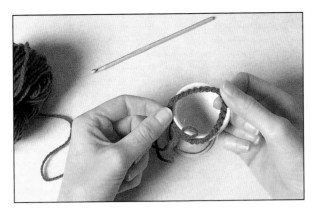

1 ▼ 量出蛋杯的圓周。勾出符合蛋杯圓周長度的雙數鏈針，SS使底針連接成一個小環圈。小心避免扭曲。

2 ▶ 第1排鉤成緊邊。第2排則要開始增加高度。步驟3則勾出保溫罩的形狀。
第1排：1tch，一整排dc，ss。
第2排：4tch，一整排dtr，ss。

意：當減針(dec)時，以下列式一次鉤兩針：與平常一樣第一針，一旦鉤針穿過作品的線圈，yoh，再把線拉回(h) 三次，然後將鉤針再沿下針穿入，yoh，穿過作品，oh，穿過兩個線圈，重複*直鉤針上只剩一個線圈。

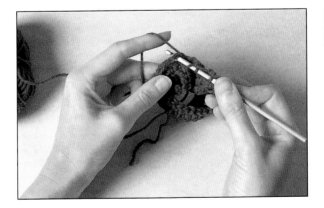

3 ◀ 第3-4排：*3tch，在排首與排尾各減一針，一整排tr，ss，重複*部份。第5-7排：*1tch，在排首與排尾各減一針，一整排dc，ss，重複*，再多打兩排。
第8排：1tch，沿線減針，一整排dc，ss。

4 ▶ 依下列指示勾出保溫罩上的小提帶：10ch，ss到對邊，收針。將任何線頭縫收整齊。

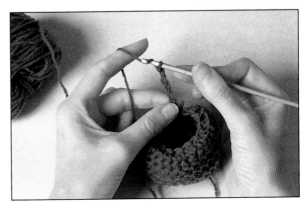

特別企劃三十三

嬰兒毛毯

所需材料

8股式軟毛線
3.25釐米鉤針
鈍針
布尺
剪刀

這個設計運用兩種織法勾出美麗的葉狀圖樣。毯子的
大小要能夠包裹住嬰兒。

1 ▶ 勾出比毯子長度長4倍的鏈針。

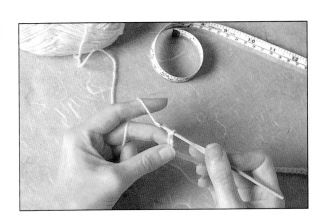

2 ▶ 第1排：3tch，2tr，*2ch，2tr，重複*直到只剩4針，以4tr結束剩下的4針。

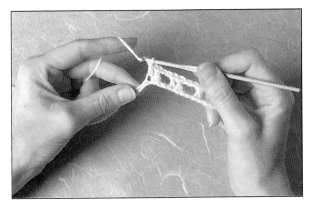

3 ▶ 第2排：3tch，1tr，*2ch，2tr，重複*部份直到最後。當毛線用完需要加入新線時，只需將新線及舊線打結連接即可。全部鉤完收尾時，留下可以縫進作品的足夠線尾。

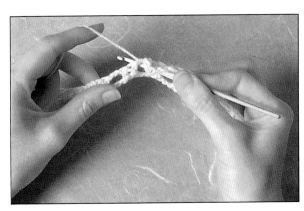

4 ◀ 重複鉤1、2排的針法直到成為一塊小毯：以斜角對折的方式檢查是否為方形。收尾並收縫任何線頭。輕壓平整。

建議：可以給毯子加上襯裡及折出布邊以增加毯子的柔軟舒適。

針織繡

繁複的編織啓發了針尖繡及帆布繡，因此這一類刺繡藝品常被稱爲"織錦"。然而和編織品不同的是，針尖繡是種在平面的網布或帆布上刺繡的方式。和十字繡同樣的是，必須計算針數；和十字繡不同的是，必須完全覆蓋布面。

有各式各樣繡滿底布的針法，這些針法可以單獨使用，也可以混合使用。針尖繡是種在格子網布上來回刺繡的方法，常被使用於混合多色繡線以繡滿布面形成畫面的做法。斜針繡長使用以先印染的帆布。可如同設計35使用格子圖表先畫好設計圖，再轉印於空白布面上。其他如設計34的葉形針繡等針法，則較適用於繡紋路式樣而非圖畫。

錦繡依據每寸布面縫進多少針而定，針數愈多，則繡出的線段愈緊密細小。選用與布面洞隙大小相近的鈍針。有幾家公司生産4股式被稱爲錦繡的毛線，或者可以嘗試使用雙股式刺繡用毛線、珍珠線和其他種類的毛線。

錦織繡作品容易變形，所以製作時最好使用繡花圈。這種繡花圈爲長方形，有調節鬆緊的螺絲，便於調整縫繡的部位。但即使是使用繡花圈，仍可能會發現，縫繡好的作品於再加工製成最後的成品前，仍需要先將布面重整平正。詳情請參閱13頁。

錦織繡適用於任何設計。一旦熱衷此道，家中可能會充滿各式墊子，或充滿以錦織繡製成的圖飾、椅墊、書套或其他各種不易變形的用品。

帆布有各種尺寸及形式：Penelope 帆布是以雙線編成；而mono則是種單線網布。塑膠質地的布面則尺寸有限。

現在可以買到一些吸引
人的全套材料，其中包
括印花底布及所需要的
毛線。

縫成蓬狀

蘇格蘭針法因格子花色而
得名，是採用了混合斜針繡
及大斜針繡於網布上製作而
成。

這個漂亮的皮包是以上等毛
線繡出bargello圖案，因漸
層的波浪紋路而頗具特色。

特別企劃三十四

製物盒

以塑膠網布及針尖繡做出一個特殊的盒蓋。如果找不到適合的盒底，可以用強力黏膠及硬紙板做一個。

所需材料

塑膠網布
厚毛線
盒底
鈍針
剪刀
布尺

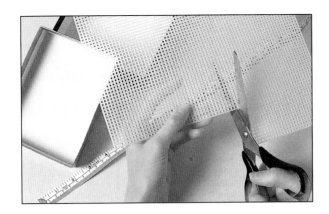

1 量出盒底的周長。剪一塊比盒底稍大的塑膠網布做為盒頂，以及四小塊塑膠網布做為四邊。注意網布邊緣必須平順整齊。選用與網洞大小相近的毛線。

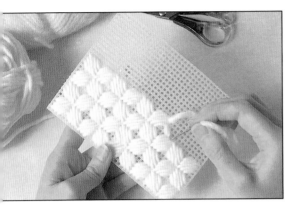

2 於盒頂上縫繡出平面(參閱頁底的圖解)。在一小塊部份繡出5針斜針，第二小塊部份則以反方向縫繡5針斜針，在1、2塊斜針繡間如圖所示留一小塊空間。在每一小塊區域繼續以不同方向縫繡斜針繡。

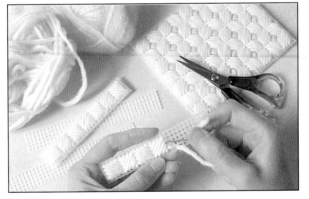

3 以對比色毛線於每一區中間的空白處交叉縫兩針填滿空洞。

4 以7針斜針繡如左圖所示縫繡四邊的網布。線間不要有縫隙。

用對比色毛線以跨針縫合盒頂與四邊。先縫合短邊，再結合長邊。整齊收針。

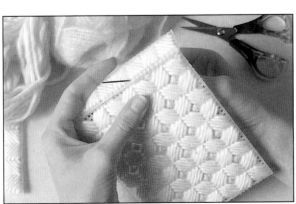

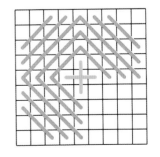

特別企劃三十五

針插

斜針繡是繡出圖案花樣的理想基本針法。再這個設計
中，繡出的是可愛的櫻桃圖樣。

所需材料

10孔繡花布
錦織毛線
棉心
底布
絲質飾帶
膠水
膠帶
鈍針
繡花圈
縫紉工具

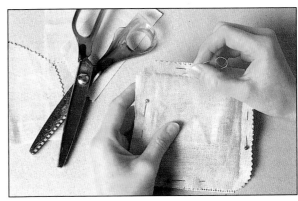

以膠帶貼黏繡花布的邊緣，
再將布面固定於繡花圈上。
使用斜針繡(參閱107頁)按
設計圖上的符號、用線繡出
圖案。

2 ▲ 沿距繡面上的圖案1.5公分
處剪下布面。剪一塊同樣大
小的底布，與繡好的布面正
面相對假縫在一起。將假縫好
的布塊三邊沿繡花部份邊緣仔
細縫合。

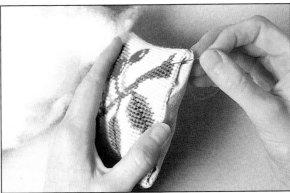
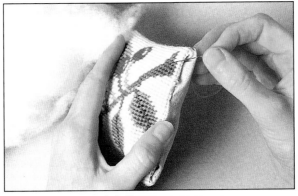

剪修四邊布角。將正面翻出
，填塞毛料或塑膠纖維棉心
後，將開口縫合。

剪一段絲質飾帶，兩端黏上
膠水以防鬆脫。沿小包四周
的縫線處將飾帶縫上。

樣式圖		
符號	顏色	
•	淡黃色	ecru
■	淡紅色	7107
×	淡紅色	7110
+	綠色	7362
O	深綠色	7393
−	淺綠色	7548
U	咖啡色	7845

特別企劃三十六

門擋

葉狀花式使一塊普通磚頭成為一個漂亮的門擋。這個設計運用的是軟棉繡線，但也可以用硬線取代。

所需材料

10孔網布
毛線
磚塊
氈布
亞麻布
記號器
鈍針
繡花框
縫紉工具

1 ▶ 用布料將磚頭像包裝禮物般包裹，將布料邊緣縫合。將包好的磚頭至於網布上畫出頂部及四邊的長寬高。將網布放入繡花框中。

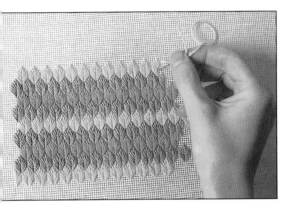

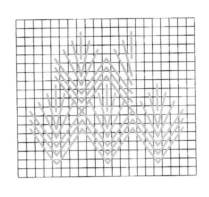

在網布上做記號的部份，以橫向平行繡出葉狀花樣。由底部左邊起針，第一葉只繡半部，再由第二葉的左半部始繡第二頁。注意頂部那一。繡完一排後直接向上繡另排，如此繡完直到標誌的區全部繡滿為止。

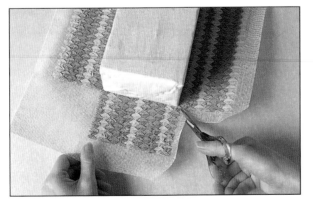

3 ◀ 將繡好的作品移出繡花框布面若有變形則重新整理順。剪下繡面前先檢查大是否正確。將布邊向內折起再以粗線縫合各邊。

4 ▶ 把底部的布邊縫合。剪一塊氈布當底布，以適當的針線與繡好的布面縫合。

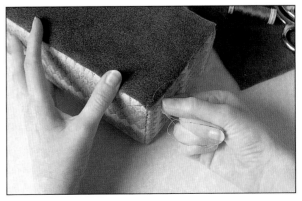

十字繡

十字繡是最受歡迎的針織之一，因此值得獨闢一章專門介紹。基本針法非常易學，卻可以運用於製作相當複雜的設計。人們早就公認十字繡潛力無窮。最早的十字繡於遠古時代被用來縫合獸皮。16世紀時，大部分的十字繡是由上流社會宮廷中的婦女縫製，所以代表身分地位。現在由於有各種布料、絲線、及各式設計，不論是誰都可以用十字繡做出精美可貴的作品。

十字繡是種需要計算針數的刺繡方法。一個畫於格子圖上的設計，被以計算針數或線組的方式繡於一塊空白的平織布料上。格子圖是方形有符號(格子或顏色)可畫出設計圖的紙張。

每一種設計皆有樣式圖提示，說明哪一種符號代表哪一種線。製作十字繡作品很簡單的只是根據設計圖上的安排，以適當顏色的繡線繡初一連串交叉的十字。

最常使用的平織布料是Aida布，有各種顏色可以選擇。Aida布料是由線條組成，依據每一寸(2.5公分)布面有多少線組區分。所以14數的Aida即代表一寸的布面上有14組線(可以繡14針)。亞麻布雖然也以每寸(2.45公分)布面有多少線爲區分，但一針可包含兩線，所以一塊22數的亞麻布每一寸布面只能縫11針。

選用如小號錦織繡針的鈍針，以免針過粗撐破布面。針的粗細要合於布面孔洞的大小。

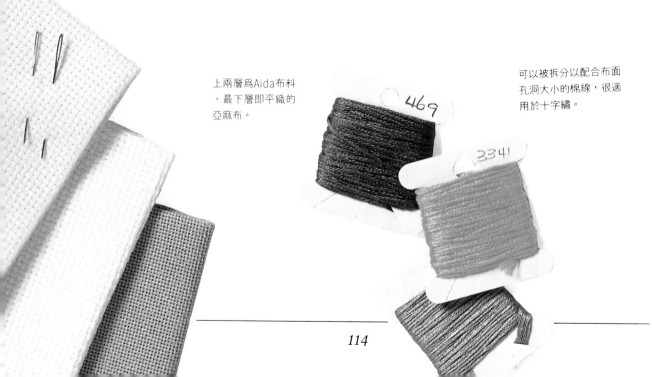

上兩層爲Aida布料，最下層即平織的亞麻布。

可以被拆分以配合布面孔洞大小的棉線，很適用於十字繡。

469

3341

製作較大的設計時，使用繡花圈可以避免布料折疊及手持布料的麻煩。

亞麻布面　　　　Aida布面

繡出一連串的斜針，再沿同一排反向繡出斜針以形成交叉的十字。首尾線頭固定於布料背面。

簡單的十字繡是讓孩子接觸刺繡的理想入門法。讓孩子製作如指偶或自己姓名的小設計。

特別企劃三十七

客用毛巾

所需材料

11數Aida布料
毛巾
棉線
鈍針
縫紉工具

反覆的單色圖案設計有利於十字繡初學者。這個高雅的邊飾使毛巾散發現代感。

剪一塊寬5公分(2寸)、長比毛巾寬度長5公分的11數Aida布料。將一條兩股式棉線(這裡使用的式棉DMC公司8號產品)穿入鈍針,由布條一端開始縫繡。依照115葉的說明圖表繡製十字繡。

2▶ 式需要而定反覆繡出圖形,只於開始及結尾處繡個直條。在布條四邊折出布邊,符合毛巾的大小。

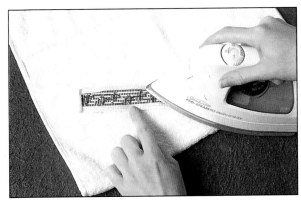

用大頭針繡好的布條固定於毛巾上,再以針縫合四邊。

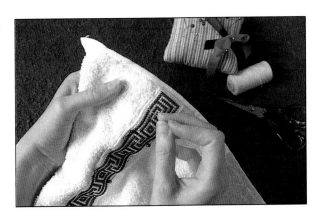

特別企劃三十八

生日習作

這個習作可成為紀念生日的可愛禮物。可以將字母及數字排列成姓名及生日日期。

所需材料

14數Aida布料
棉線
鈍針
粗線
硬紙板
刀子及墊板
尺
畫框

1 剪一塊長38公分(15寸)、寬35公分(14寸)的Aida布料。在布邊車邊或貼上膠帶以防鬆脫。將布塊直向對折，在中央線上以基本針縫出記號，將布塊橫向對折，在中央線上以基本針縫出記號，標誌出中心點。

2 由接近中心的位置依159頁的式樣繡出圖案。一旁的解說圖說明每一種線的代表符號。將兩股式的棉線穿過鈍針依115頁的解說繡出交叉的十字。

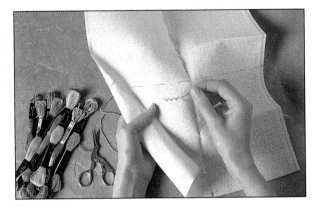

解說圖		
符號	顏色	公司產品編號
+	淡紫色	211
×	桃紅色	352
U	褐色	402
─	黃色	744
＊	藍色	794
○	綠色	3348

3 繡完所有的十字繡後，拆去基本針。如果必須清洗作品，請以手輕洗。將作品正面朝下，置於一條對折的毛巾上。以熨斗輕壓燙平。

4 剪一塊比作品稍大的硬紙板，將圖面置於硬紙板上中心對齊，將整個硬紙板以布面包裹。於背面由上到下、從左至右以大針的邊縫將布面緊縫包住紙板。將作品加框。

特別企劃三十九

針盒

所需材料

14數Aida布料
棉線
膠帶
硬紙板
藍氈布
刀子及墊板
尺
縫紉工具

這個繡於紅色Aida布面上，像珍珠般的中古世紀風味圖形，
使針盒成為眩目的飾品。

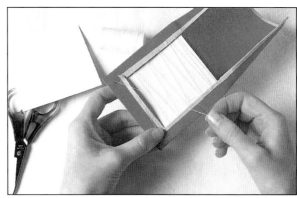

1 剪一塊24×14公分(9.5×5.5寸)的紅色14數Aida布料，在布邊貼上膠帶。將圖案繡於一半的布面上，花樣如圖所示離布邊3公分(1.5寸)。

2 剪兩塊9公分(3.5寸)的方形薄紙板。將布塊對折，在繡有圖樣的一半塞入一塊紙板。於背面用粗線沿布邊以大針的布邊縫固定紙板。固定另一塊紙板於另一邊布裡。

3 剪兩、三塊8×16.5公分(3×6.5寸)的薄藍氈布，將氈布對齊，於中央線上縫幾針長針固定。

解說圖		
符號	顏色	公司產品編號
—	藍色	798
○	綠色	3819
×	金色	3820

4 將氈布本置於Aida布包著卡紙的背面上頭，用手縫將氈布本的封面及封底以小跨針縫固定於Aida布的布邊上。

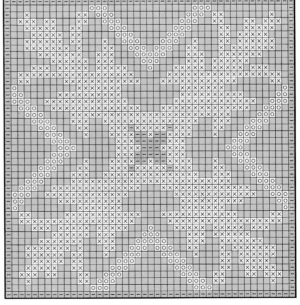

刺繡

人類以繡線裝飾布面的做法，幾乎和使用布料一樣歷史悠久、普及。幾世紀以來，世界各地發明了幾十種針法，每一種都有不同的裝飾性、發展性。有些針法—如緞繡—繡出的作品柔軟、易變形；Cretan繡則效果出人意表。這些本書設計中運用到的針法請參見次頁。

一般將刺繡分爲兩種。必須計算針數作品，所繡出的線段大小決定於採用何種針法；另一種布面繡，繡線有較大的選擇性，但線段的大小及方向則依圖案式樣決定。

就某方面而言，黑繡是上述兩種形式的混合。以有規則的混針重複刺繡，將繡線填滿一個不規則圖形的外圍。在精心規劃的黑繡作品中，通常建議使用不同色調的繡線以繡出緊密的線條。下圖中針包上的燈心棉繡是另一種單色線繡的例子，這種繡法每一針的線條紋路都很重要。

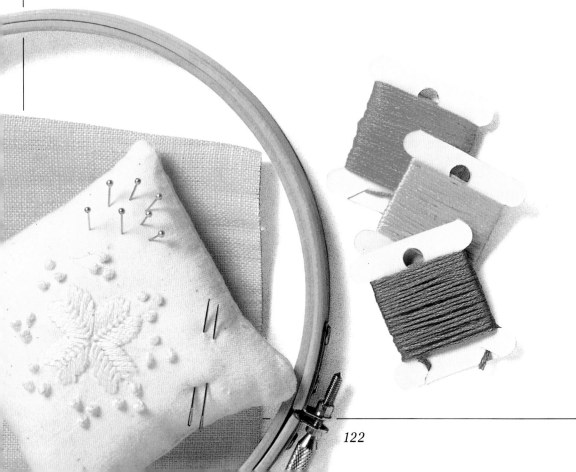

刺繡的各種針法

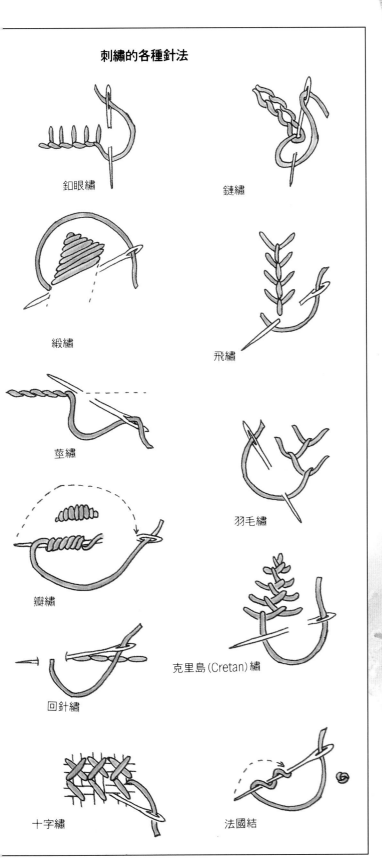

鈕眼繡

鏈繡

緞繡

飛繡

莖繡

羽毛繡

瓣繡

克里島(Cretan)繡

回針繡

十字繡

法國結

特別企劃四十

書籤

緞繡使書籤上的音符展現迷人的效果,適於當禮物送給有音樂天分的人。

將氈布本置於Aida布包著卡紙的背面上頭，用手縫將氈布本的封面及封底以小跨針固定於Aida布的布邊上。

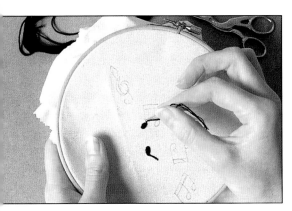

2 用3股式棉線繡出圖形。直線部份以莖繡，其他部份以緞繡，針法請參閱123頁。全部繡完後，輕壓作品使之平整。

3 將繡好的布正面朝內，兩長邊對，以一道2.5公分的布邊縫合。翻出正面，壓平中線的布邊。於書籤的兩端抽去布絲作成繐邊，如果是容易掉邊的布料，在繐邊底縫邊固定。

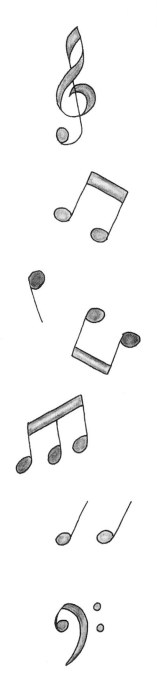

特別企劃四十一

燈心棉布袋

所需材料

輕軟棉布
棉線
緞帶
繡花圈
標誌器
描圖紙
縫紉工具

使用燈心棉於同色的棉布上繡出迷人的圖樣。這個設計以緞繡繡出心型，法國結及回針繡繡出其他部份，製成值得珍藏的袋子。

剪兩塊41×27公分（16×10.5寸）的輕軟棉布，於每塊的短邊之一各折出1公分（0.5寸）的布邊。以深色筆於描圖紙上畫出心型圖樣，用膠帶將棉布貼於描圖紙上複製圖形。

把棉布放進繡花圈中，以棉線繡出圖形。使用緞繡繡出葉片、回針繡繡出梗莖、法國結繡出小點（參閱123頁的針法）。將布面由繡花圈取下，輕壓使之平整。

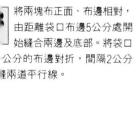

將兩塊布正面、布邊相對，由距離袋口布邊5公分處開始縫合兩邊及底部。將袋口公分的布邊對折，間隔2公分縫兩道平行線。

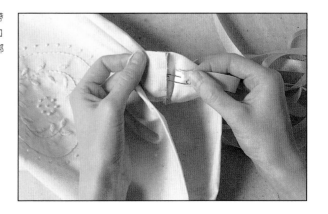

將袋子的正面翻出。把緞帶別於安全別針上，穿過袋口的布邊中，將緞帶的兩端綁在一起。

特別企劃四十二

餐具墊

所需材料

平織亞麻布
棉線
邊布
鈍針
縫紉工具

黑繡通常是用於填滿設計圖樣的針法。然而這個設計
是介紹這種迷人針法的簡單"習作"。

1 剪一塊適合餐具大小平織亞麻布，在上下兩端折出布邊；在左右兩側別上黑色布邊將亞麻布的粗邊包合，，再以黑色縫線小針縫合。

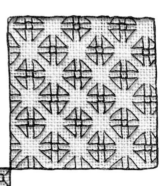

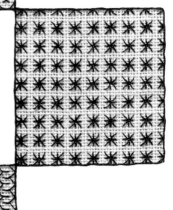

設計的方塊圖形必須以雙數針縫繡。用黑色棉線以回針繡先繡出連接的方塊邊線，以另一條黑線不刺穿布面，循方塊的沿線纏繞。

3 依右圖以黑棉線繡出各種不同的紋路。大部分的繡線一針都涵蓋布面上的兩條亞麻纖維。

車繡

雖然縫紉機是為了實用以及商業目的而發明的，它的附加價值之一是使刺繡繡多了一種特殊工具。車繡的效果與手工刺繡全然不同，雖然式樣較有限，但是對於富創意及經驗豐富的高手而言，仍有極大的發揮空間。

車繡並不一定得使用最新型的縫紉機，一台基本的家庭式縫紉機已經夠用。首先要熟悉縫紉機的各項功能，探索它的功效，瞭解運用不同的布料及針線會產生什麼樣不同的效果。想要成功的製作車繡作品，一定要先知道所使用的縫紉機能做什麼、不能做什麼。

縫紉機可分為兩種：全自動及手動。第一種依靠機器的發展性，只需要啟動和送布。最新型的縫紉機甚至可由電腦設計程式，規劃好整個設計。至於手動是縫紉機，則只需要運用兩種基本針法-直針以及Z形針-作品好壞便取決於作者的功力及創造力。製作車繡時，車縫的數度越慢，越有利於操做。

車繡唯一的限制是只能使用適合於縫紉機大小的繡線，有些專為車繡設計的繡線可以使用。除了有伸縮性的布料外，大多數的布料都可以使用。習作時最好使用中度或厚重些的布料。熟悉後再試著使用絲質或綢緞、人造纖維布料、紙、薄紗、絨布，或者任何車針能穿透的材質。

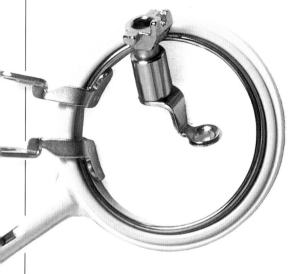

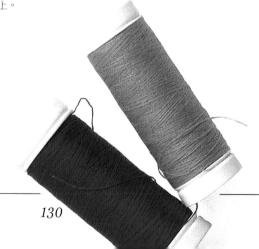

利用小繡花圈可以將布面張開繃緊。車繡時，先將布料放進繡花圈中，再放倒車床上。

車繡作品較不需要用手持握材料、工具
，所以可以用棉紙取代布料。這種開放
性使得混合繪畫及刺繡的紙藝品非常具
有藝術氣息。

一般使用縫紉車繡時，車針
下方兩排鋸齒狀的輸送帶以
規則的速度送布，產生規則
的線段。當輸送帶位置降低或
被移開時(察看縫紉機的使用說
明書)，線段的長短方向則取決
於送布的方式、速度。即使換
上可以防皺的壓腳，壓腳仍應
被移開。記得調低會造成布面
緊繃、或使繡線在布底糾纏的
壓腳。

Z形繡非常具裝飾性，飾學習車
繡的好習作法。下圖中循框沿
車繡的Z形繡飾將輸送帶提高所
製成的作品。

這個漂亮的圖
形是以可設定
程式的縫紉機
車繡而成。

特別企劃四十三

眼罩

所需材料
綢緞
薄紗
金線
面紙
鉛筆
亞麻子
薰衣草
縫紉機
縫紉工具

這個眼罩填充了質輕的亞麻子及薰衣草，覆蓋於休息的雙眼上非常舒適。繡有圖飾的眼罩適合當贈禮。

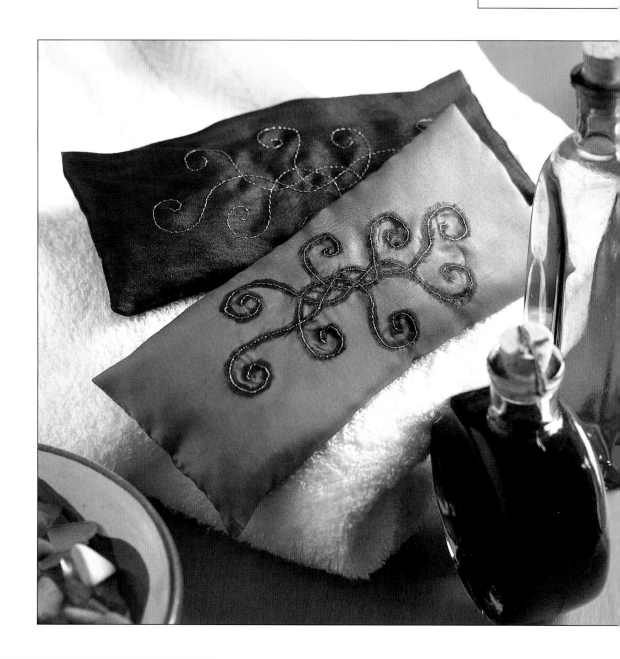

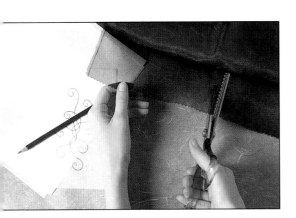

1 用面紙複製圖樣。剪一塊18
公分(7寸)的正方形綢緞,
及同樣大小的薄紗。將薄紗
覆蓋於綢緞上,再與描圖得面
紙合釘。將合釘在一起的布料
放入繡花圈中。

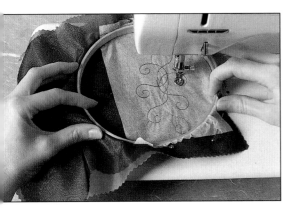

使用適用於縫紉機的金線。
調低或移開輸送帶,沿圖形
車繡。將尾線於背面打結。
輕輕撕去面紙。

3 用彎剪沿繡線邊緣小心剪去
薄紗。

4 將作品正面對折,沿距離邊
緣1公分處縫合兩邊,留下
一邊開口以便將正面翻出。
翻好面後,裝進亞麻子(或其他
種子)及薰衣草,約四分之三滿
。用手工將開口縫合。

特別企劃四十四

繡花相框

車繡可以在厚紙上繡出如這個相框上的花紋輪廓及圖案線條。

所需材料
水彩紙
水彩
刷子
卡紙
膠水
刀子及墊板
描圖紙
鉛筆及尺
車線
縫紉工具

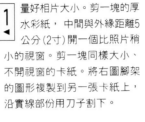

1 量好相片大小。剪一塊的厚水彩紙，中間與外緣距離5公分(2寸)開一個比照片稍小的視窗。剪一塊同樣大小、不開視窗的卡紙。將右圖腳架的圖形複製到另一張卡紙上，沿實線部份用刀子割下。

將輸送帶移開或降低。使用深色線以直針沿圖形車繡，強調細部。車繡時移動紙面但雙手盡量遠離車針。尾線在背面打結。

3 按照下列做法組合相框：將相片以膠帶或膠水固定於相框背面，再以膠水黏合背面。用刀子沿腳架虛線畫過(不要割開)，折出形狀。將腳架黏貼於背面適合相片方向角度的地方。

按照下列做法組合相框：將相片以膠帶或膠水固定於相框背面，再以膠水黏合背面。用刀子沿腳架虛線畫過(不要割開)，折出形狀。將腳架黏貼於背面適合相片方向角度的地方。

所需材料
底布
卡片
標誌器
刀子和墊板
尺
雙面膠
車線
縫紉工具

特別企劃四十五

情人節卡片

縫紉機可快速的將設計圖的畫面繡滿，如卡片上被箭射穿的紅心部份。可以為其他場合設計其他特殊的圖案。

以標誌色筆或粉餅將圖案畫
到布料上。如果布料輕薄,
可以直接覆蓋於草圖上描摹
複製。

將布料放進小繡花圈中。降
低或移開輪送帶,以車繡線
開始車繡。以直針繡紅心的
外圍輪廓線。慢慢的車繡,並
移動繡花圈。使用亂真繡將紅
心填滿。

3 將繡好的布料自繡花圈移開
。車繡出箭的部份,將線尾
在背面打結。

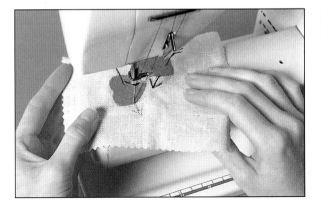

4 剪一塊45×15公分(18×6寸
)的卡紙,在中間開一個9公
分(3.5寸)的視窗。將卡紙
折成均等的三部份,於一端折
出一小道邊。沿視窗邊緣以Z形
針車繡。修剪繡好的作品,以
雙面膠黏貼於視窗上,將四邊
折邊固定。

毛線繡

毛線繡與其他材料的刺繡有很大的不同。柔軟有光澤、性質優良的繡線無法繡出粗造的質感,然而利用毛線繡,可以很快的製作出粗大的圖樣,給許多作品增添質感。

顧名思義,雙股式繡花毛線是一種刺繡用毛線。十七世紀時,英國罕有印花布料,Jacobeans人非常流行使用雙股式毛線刺繡。使用精細的針織來裝飾家飾很耗費時間,他們發展出以毛線刺繡的方法,雖然作品較雜亂不精細、圖案及線條較粗大。雙股式毛線繡以較不切實際的理想化花草圖案為主。因

為Jacobeans人與東方商業往來時深受東方文化影響,而造成這種特殊風格。

現代的雙股式毛線繡已經被簡化,但仍以花草圖為主。近來流行於毛毯或質感較粗糙的布料上使用毛線繡。它適用於製作如嬰兒毛毯、睡衣、熱水瓶保溫罩等保暖的物件。它也適用於製作如設計48的填充玩具。

色彩鮮艷的毛線可以裝飾於一雙素色的羊毛手套上。當繡於底布上的繡線較大針而緊密時,可以採用面繡的方法;若是所繡的線段較不緊密,或者是需要計算針數的作品,如設計28,使用十字繡或重針繡皆可。

1 以剩餘的毛線製作小毛線球，是很有趣味的。在卡紙上畫兩個大小相同的圈，再於兩個圈內畫兩個小圈。將兩個圈剪下，再將兩個小圈剪掉，作成兩個紙環。把毛線穿過鈍針，以毛線纏繞兩個重疊在一起的紙圈。

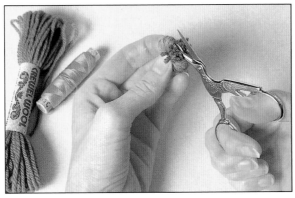

繼續在紙圈上纏繞毛線，直到填滿紙圈及中間的小洞。將剪刀刀刃刺進兩個紙圈上沿紙圈剪開外圍的毛線。

3 將紙圈相兩旁推開，用一條短線將毛線從中綁緊。綁好後將短線的兩端線尾修剪掉，或者留下線尾好綁在裝飾的物件上。拿掉紙圈，將毛球修剪平順。

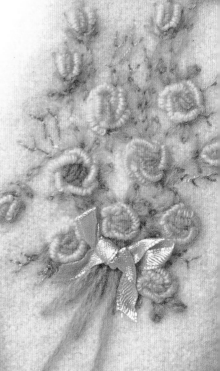

雙股式毛線或波斯毛線(由雙股毛線鬆纏成的三股式毛線)比粗繡線更能製造效果。

特別企劃四十六

呢帽

所需材料
羊毛呢帽
繡花毛線
膠紙
鉛筆
粗鈍針
縫紉工具

利用剩餘的繡花毛線簡單繡出幾朵散置的小花，就能
使一頂單調的呢帽成為精美的藝品。

1
▶ 剪幾片與所繡的花瓣大小相
近的圓形貼紙，把這些貼紙
三兩成群貼於帽上將要繡花
的部位，標誌出繡花的位置。

將繡花毛線穿於粗鈍針，如
圖所示以雛菊針法繡出花瓣
：先將毛線形成大小適度的
線圈，再於頂部縫以一小針固
定。每一朵花以相對而非依序
的方式繡出五個花瓣。

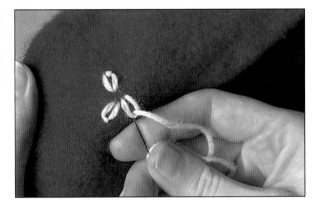

3
▶ 在每一朵花的中央使用對比
色線，參閱123頁的圖解，
以法國結繡一個小圓心。

用綠色繡線以直針繡出兩兩
成雙的葉片。繡完所有的花
朵之後，將標誌的貼紙一一
撕去。

特別企劃四十七
熱水瓶保溫袋

保溫袋是在冬天保暖的好方法。這個設計適用於直徑20公分的熱水瓶。可以視熱水瓶的尺寸調整袋子的大小。

所需材料

毛氈布
襯裡
雙股式毛線
細緞帶
熱水瓶
碟盤
標誌器
粗鈍針
縫紉工具

1 ▶ 剪兩塊40×28分(16×11寸)的羊毛氈布。利用一個直徑12.5公分(5寸)的碟盤，以水溶性色筆在一塊氈布上於適當部位畫圓。

按照156頁的圖樣將主要的玫瑰花標誌於布面的圓周上。玫瑰的繡法如下：先繡四道深粉紅色的直針，再於直針四個角落各繡上角度不同的道淺粉紅色斜針。葉子則以針(參閱123頁)繡成。花苞三道粉紅色小直針、一道綠飛針。梗莖部份則是用回針。

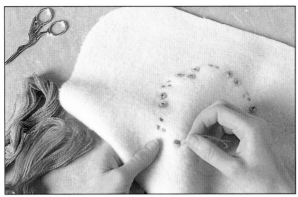

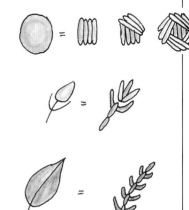

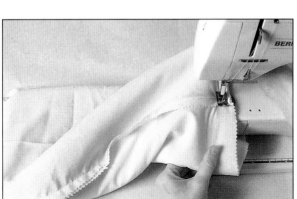

3 ◀ 將兩塊氈布正面相對縫合三邊，留下上端的開口。剪兩塊大小與氈布一致的襯裡，縫合襯裡作爲內袋。將繡面翻出，把內袋放入氈布袋裡。用手工於袋口將內、外袋縫合。

將細緞帶穿於粗針，由袋口下方五公分處，從正面的中央起針，沿袋口繞縫一圈，到起針處。將熱水瓶放入袋，把緞帶拉合綁成蝴蝶結。

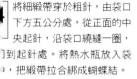

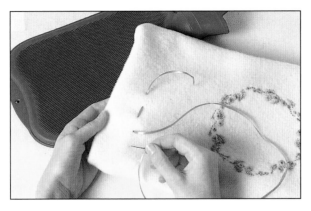

復活節小兔

毛氈布是製作填充玩具的理想材料。這隻生動活潑的
兔子在復活節，或是任何時候，都能討到孩子們的歡
心。

所需材料

- 毛氈布
- 珍珠線
- 棉線
- 毛線
- 細緞帶
- 人造纖維棉心
- 描圖紙
- 標誌器
- 粗鈍針
- 縫紉工具

1 ▶ 將158頁的兔子圖形(注意書上的圖形只有一半)複製到描圖紙上。剪下模型,放在氈布上描繪出兩塊兔子的身體、四塊兔子的耳朵,每一塊都多留一些布邊。將氈布上的模型剪下。

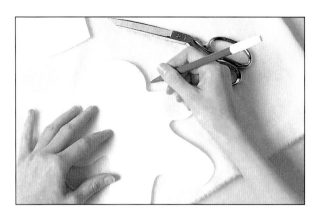

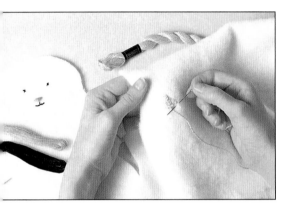

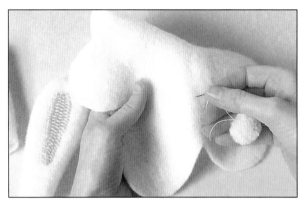

以棉線繡出兔子的臉:眼睛用十字繡;鼻子用緞繡;嘴巴用回針繡;耳朵用珍珠線克里特針法(參閱123頁的說)交疊繡出耳面。

3 ▲ 將兩片耳朵正面相對,沿曲線縫合,翻出正面。用同樣的方法縫合另一隻耳朵。以白毛線做一個小毛球(參閱139頁做法),縫於背面的布塊上做為尾巴。

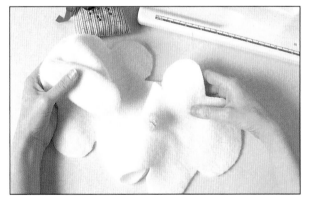

將身體部份的兩塊氈布正面相對,如圖所示加入兩片耳朵,沿曲線縫合,留下缺以便將正面翻出。將布邊多的部份修剪整齊。將正面翻

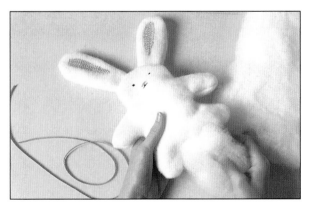

5 ▲ 均勻的塞入棉心,再將開口以手工縫合。用細緞帶做一個小蝴蝶結,縫在兔子的頸部。

金絲銀線

以金屬線縫繡的針織藝品，尤其是金絲銀線，無論色澤、價值，都是刺繡作品中最高貴富麗的。這種刺繡方法，或許是因爲材料極爲昂貴之故，無論於設計界，或是大師級人物眼中，歷來都保持著崇高的地位。

以金屬線刺繡的方法可追溯到希臘時代，在希臘文學中，作家前所未有的提及這種飾品。14世紀時，只有過教會允許的專家可以使用銀箔爲教會縫繡背心、聖壇蓋布、以及旗幟。16世紀時，金絲銀線被精心設計爲許多王公貴族的衣飾。接下來的兩百年間，金屬線繡因與印度、中國經商貿易而帶有濃厚的東方氣息。19世紀時金屬線繡稍微落没。現在則有復興的趨勢。

金屬線繡的美在於繡出的條紋花樣，以及各色絲線映照光線時閃爍多變的光芒。許多金屬線，尤其是金線，十分眩目，值得更精心設計運用。

有各式各樣的金屬線。日本金線是以金箔包裹銀絲製成。Tambour是種適於刺繡的金屬線。好的金屬線也可以用手工編絞城飾帶，做法參閱15頁。人造的樹脂金屬線，如lurex，可以用於刺繡，而且可以洗滌。

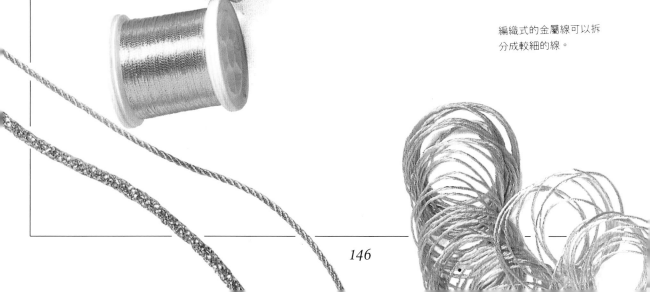

編織式的金屬線可以拆分成較細的線。

現在甚至買得到適用於車繡的
金屬線。這使得在素面布料上
以金屬線製造華麗效果成為易
事。

金屬線有各種顏色，包
括漸層及雜色。

縫釘：金屬線缺乏彈性，有時不易穿過
布面。有個變通的方法，就是先將金屬
線於布面上排放好成圖形，再以細小的
縫線固定。這是以金屬線縫繡反覆彎曲
的線條時，極佳的做法。這種做法使底
面不會有太多浪費無用的線段。

特別企劃四十九

小牙袋

這是個有魔法的小帶子。它能將掉落的初牙好好保留，直到生牙仙女來訪。星星是以，正確的來說，"填星繡"針法繡成。

所需材料

藍絲絨
金色襯裡
金線
拆線針
縫紉機
縫紉工具

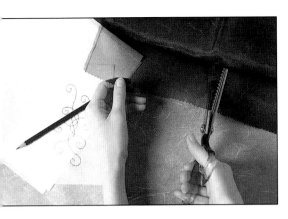

1 剪一塊28×11.5公分(11×4.5寸)的藍絲絨,四邊假縫布邊。以下列方式繡上金線:先繡出一個正十,再由斜角部份繡一個稍小的斜十,以固定第一個正十。星星的數量依個人喜好或需要而定。

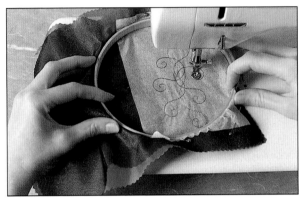

2 剪一塊與藍絲絨大小一樣的金色襯裡。將絨布與襯裡正面相對,沿兩側長邊及一道短邊縫合,翻出正面,將開口的粗邊向內折,以手工縫合開口,成為長方形的布塊。

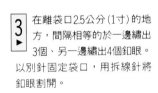

3 在離袋口2.5公分(1寸)的地方,間隔相等的於一邊繡出3個、另一邊繡出4個釦眼。以別針固定袋口,用拆線針將釦眼割開。

4 將布塊襯裡朝內對折,仔細工整的縫合兩邊。剪三條50公分(20寸)的金線,纏絞成一條飾帶,兩端打結,穿進釦眼,繞過袋口,將兩端接在一起打結。

特別企劃五十

紙鎮

所需材料

玻璃紙鎮
深色氈布
金線
描圖紙
鉛筆
縫紉工具

利用小小的卧針、粗金飾袋做成一個居爾特(Celtic)結。這個獨特的紙鎮可以做為實用美觀的贈禮。

1 將圖形複製到描圖紙上。量出紙鎮底部凹槽的大小。如果需要，可以更改圖形的尺寸。

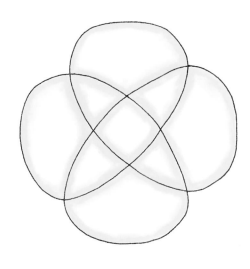

3 將金線穿針，末端固定於藍氈布上。以細小的斜針依飾帶排列旋轉彎曲的方向仔細將飾帶縫釘於氈布上。

將金色飾帶如圖形排列。用金線將飾帶兩端仔細接綁。確定飾帶的接頭處被掩蓋於飾帶之下。

4 將氈布剪成適合紙鎮底部凹槽的大小，放入紙鎮的底盤中。

特別企劃五十一

鏡框

所需材料
布料
金銀線
圓鏡
底襯
厚卡紙
圓規
標誌器
刀子和墊板
膠水
膠帶

這個以金屬線裝飾的鏡框，讓人看望神聖的世界。這個設計適用於直徑14公分的鏡子。

1 於厚卡紙上剪下三個直徑24公分(9.5寸)的圓塊。在第一個圓板中剪去直徑14.5公分(5.5寸)的圓塊，這個環圈將做爲鏡框的上層。在第二個圓板中剪去直徑14公分(5.7寸)的圓塊，這個圓環將鑲嵌鏡子。第三個圓板做爲鏡框的底層。

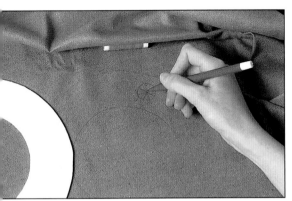

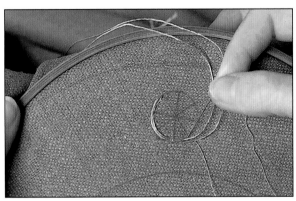

2 剪一塊30公分(12寸)的正方形布料。以水溶性色筆或粉餅在布面上畫出第一個框面的環圈。在畫好的圓環部份裡畫出全日和半月。

以繡太陽的方式繡出月亮，但換成銀色繡線，並且做成彎曲的弦月形。沿環面佣金絲銀現以回針繡繡出彎曲回繞的線條。

3 將太陽分爲8個部份。剪一段長長的金線，從中間對折。用臥針將這條對折的金線如圖所示固定於太陽的圓周上。把雙股的金線沿太陽的圓形由外向內盤繞，每繞一圈，即以一針縫釘固定。在背面將所有的線尾打結。

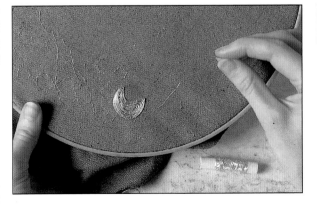

5 將第一個做爲鏡框上層的紙環上面以黏膠貼上一層襯底，修剪整齊。將第一個紙環在繡布底下，沿內圈剪出一個圓洞。將環圈內外的布邊以交代黏貼於鏡框背面。將金色飾帶沿內外環圈邊緣框邊縫釘。以膠水組合固定鏡框。

贈禮

針織品千變萬化花樣繁多應有盡有，絕對讓您不用再爲送禮費心傷腦筋。本提供了許多精美實用的禮品，這些手工精緻的禮物能令收到這些禮物的人倍加歡喜。本書提供的一些技巧同樣可運用於包裝上以增進禮品的美觀。幾條手邊的飾帶、繩結或 子可以使原本單調平板的包裝紙或盒子更具美感。在布料的手提袋或小香包上縫繡圖樣也可以製做出特別的禮物。

利用刺繡作成的賀卡廣受歡迎。可利用如次頁所示的三腳相框將編織好的布面加框。三腳角托架底板可以在手工藝品行買到。或者可以利用卡紙自製鑲框及腳架，只要在卡紙中間切割出各種形狀的窗口鑲貼上織品、底板折出三個腳即可。

想快速的製作卡片，則可以試試縫紉機在較硬的紙張或較薄的卡紙上直接車縫。將車縫與其他拼縫方法合用，可以做出獨具創意的出色作品。

幾朵緞帶編成的小
玫瑰，使小禮物更
具特色。

十字繡能夠簡單迅速的
製做出動人的圖案。

這幅鬱金香是使用棉線於亞
麻布上以緞面繡縫繡而成。

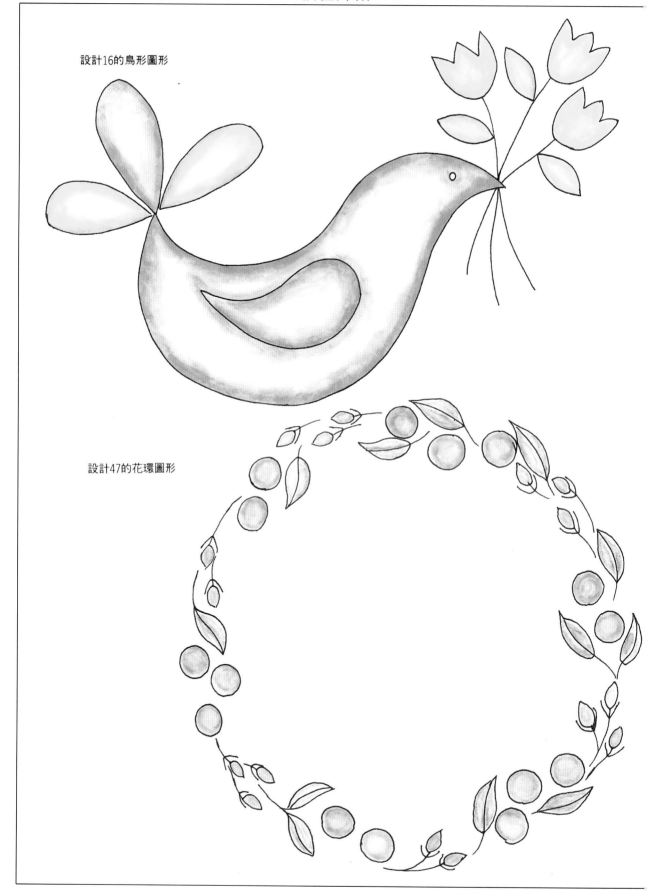

設計16的鳥形圖形

設計47的花環圖形

設計17的圍裙圖形

設計20的圍兜圖形

設計48的復活節兔子圖形

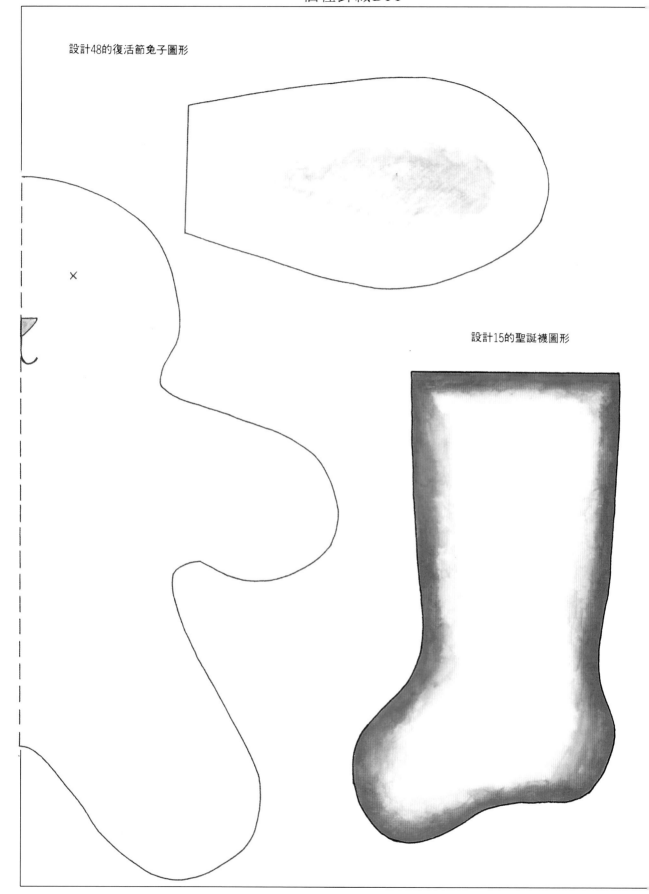

設計15的聖誕襪圖形

計38的格子設計圖

索引

致謝及資料來源

感謝下列公司、人士提供本書所需的材料：

Leonie Draper-提供鉤針設計。

Betty Marsh and Shirley Souter-幫忙製作書中的許多作品。

製作39頁的袋子。

製作123頁的毛巾、131頁的車繡圖形、138頁的毛線繡。上述的這些製品在雪梨的岩石市場(Rocks Market)有售。

範例圖樣是由針織藝品，一種視窗軟體程式，製作而成的。